DEUTSCHE AKADEMIE DER WISSENSCHAFTEN ZU BERLIN

Veröffentlichungen des Geodätischen Instituts in Potsdam

Nr. 14

KORRELATEN-TABELLEN FÜR TRIGONOMETRISCHE NETZE AUS 10 DREIECKEN

Von

WERNER JENNE

AKADEMIE-VERLAG · BERLIN

1960

Erschienen im Akademie-Verlag GmbH, Berlin W 1, Leipziger Straße 3—4

Lizenz-Nr. 202 · 100/518/60
Offsetdruck: VEB Druckerei „Thomas Müntzer" Bad Langensalza
Bestellnummer: 2016/14
Preis: DM 16.—
Printed in Germany
ES 19 C

In der Veröffentlichung des Preußischen Geodätischen Institutes, Neue Folge, Nr. 107, Jenne, Kettenbruchformeln und Korrelatentabellen für trigonometrische Netze mit einigen Beiträgen zur Auflösung beliebiger Systeme einfacher linearer Gleichungen mit Hilfe von Kettenbrüchen, Potsdam 1937, wurden seinerzeit bereits Korrelaten für die Richtungsausgleichung trigonometrischer Netze zusammengestellt, welche aus nicht mehr als 9 Dreiecken bestehen. Der Verfasser hat im Verlauf seiner Tätigkeit am Geodätischen Institut Potsdam die Berechnung auf Netzkonfigurationen ausgedehnt, die aus 10 bzw. 11 Dreiecken zusammengesetzt sind. Mit diesem Heft wird der erste Teil dieser umfangreichen Arbeit der Öffentlichkeit übergeben.

Tabelle 1 D = 17711 = 89.199

-K \ W	1	2	3	4	5	6	7	8	9	10	S
1	190983	72949	27864	10643	4065	1553	593	226	85	28	308989
2		218847	83592	31929	12196	4658	1779	678	254	85	426967
3			222912	85145	32522	12422	4743	1807	678	226	471911
4				223505	85371	32607	12450	4743	1779	593	488765
5					223590	85399	32607	12422	4658	1553	494383
6						223590	85371	32522	12196	4065	494383
7							223505	85145	31929	10643	488765
8								222912	83592	27864	471911
9									218847	72949	426967
10										190983	308989

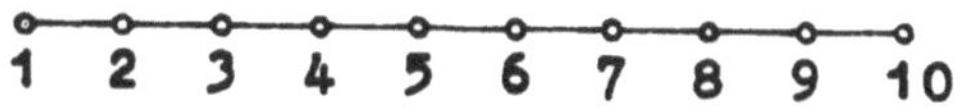

Tabelle 2 D = 17334 = $2.3^4.107$

-K \ W	1	2	3	4	5	6	7	8	9	10	S
1	190983	72949	27864	10644	4067	1558	606	260	87	87	309105
2		218847	83593	31931	12201	4673	1817	779	260	260	427310
3			222915	85151	32537	12461	4846	2077	692	692	472828
4				223520	85410	32710	12721	5451	1817	1817	491172
5					223693	85670	33316	14278	4759	4759	500690
6						224299	87227	37383	12461	12461	510903
7							228366	97871	32624	32624	532018
8								256231	85410	85410	585150
9									195137	28470	361717
10										195137	361717

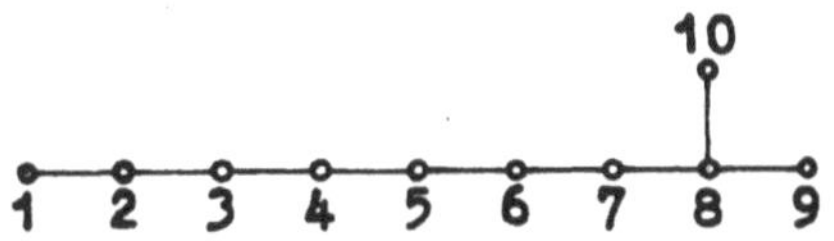

Tabelle 3 D = 17279 = 37.467

-K \ W	1	2	3	4	5	6	7	8	9	10	S
1	190983	72950	27866	10649	4080	1592	694	260	87	231	309392
2		218849	83599	31946	12240	4775	2083	781	260	694	428177
3			222930	85190	32641	12732	5556	2083	694	1852	475143
4				223624	85682	33422	14584	5469	1823	4861	497250
5					224405	87534	38197	14324	4775	12732	516610
6						229180	100006	37502	12501	33335	552579
7							261821	98183	32728	87274	641126
8								224318	74773	32728	490421
9									191591	10909	330141
10										195758	380374

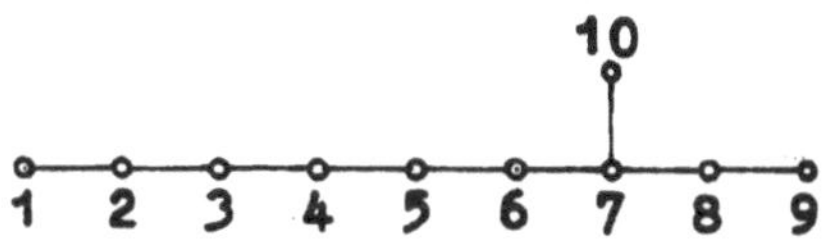

Tabelle 4 $D = 17271 = 3^2.19.101$

-K \ W	1	2	3	4	5	6	7	8	9	10	S
1	191072	73215	28574	12507	4777	1824	695	261	87	4169	317181
2		219646	85722	37520	14330	5472	2084	782	261	12507	451539
3			228591	100052	38214	14591	5558	2084	695	33351	537432
4				262637	100313	38301	14591	5472	1824	87546	660763
5					229286	87546	33351	12507	4169	33438	557931
6						224336	85461	32048	10683	12767	513029
7							223033	83637	27879	4864	481153
8								218864	72955	1824	430434
9									190985	608	310146
10										195849	386923

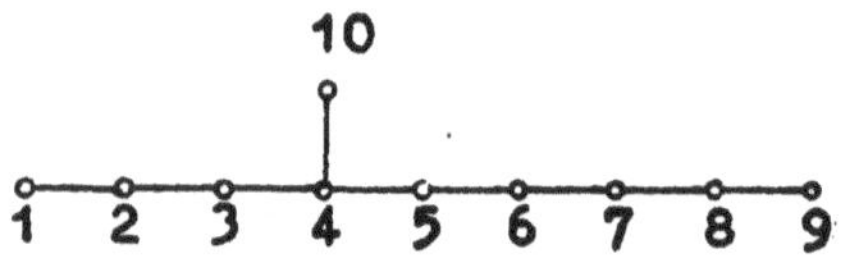

Tabelle 5 $D = 17270 = 2.5.11.157$

-K \ W	1	2	3	4	5	6	7	8	9	10	S
1	190996	72988	27968	10915	4777	1824	695	261	87	1592	312103
2		218964	83903	32745	14331	5472	2085	782	261	4777	436308
3			223741	87319	38217	14592	5559	2085	695	12739	496818
4				229213	100318	38303	14592	5472	1824	33439	554140
5					262739	100318	38217	14331	4777	87580	665605
6						229213	87319	32745	10915	33439	554140
7							223741	83903	27968	12739	496818
8								218964	72988	4777	436308
9									190996	1592	312103
10										195860	388534

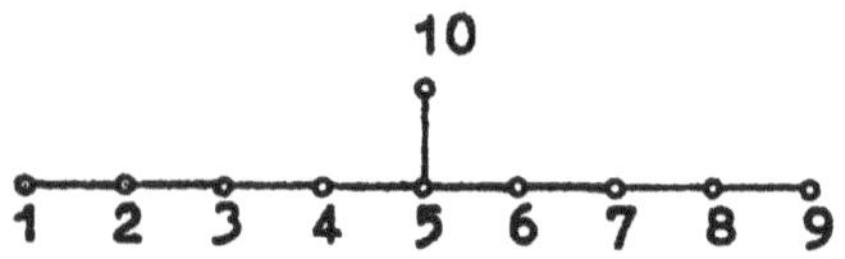

Tabelle 6 $D = 17216 = 2^6.269$

-K \ W	1	2	3	4	5	6	7	8	9	10	S
1	191682	75046	33457	12779	4879	1859	697	232	12546	4182	337359
2		225139	100372	38336	14638	5576	2091	697	37639	12546	512080
3			267658	102230	39033	14870	5576	1859	100372	33457	698884
4				230019	87825	33457	12547	4182	38336	12779	572490
5					224443	85502	32063	10688	14638	4879	518588
6						223048	83643	27881	5576	1859	483271
7							218866	72955	2091	697	431226
8								190985	697	232	310408
9									225139	75046	512080
10										191682	337359

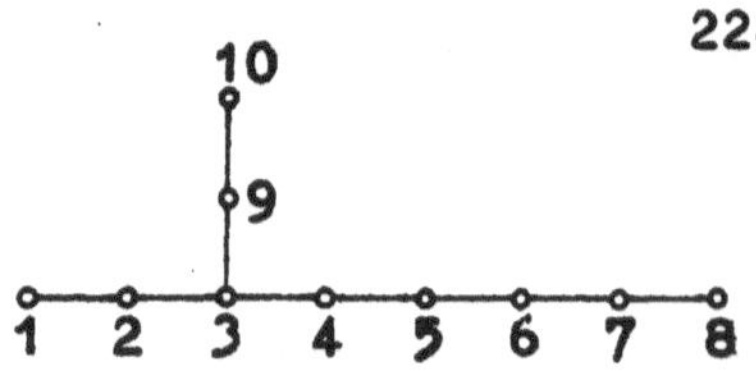

Tabelle 7 D = 17207 = P

-K \ W	1	2	3	4	5	6	7	8	9	10	S
1	191085	73255	28680	12785	4882	1860	697	232	4795	1598	319869
2		219765	86041	38356	14645	5579	2092	697	14384	4795	459609
3			229441	102284	39054	14878	5579	1860	38356	12785	558958
4				268495	102516	39054	14645	4882	100686	33562	717265
5					230052	87639	32865	10955	38444	12815	573867
6						223862	83948	27983	14645	4882	504330
7							218981	72994	5492	1831	439124
8								190998	1831	610	313042
9									225257	75086	518976
10										191695	339658

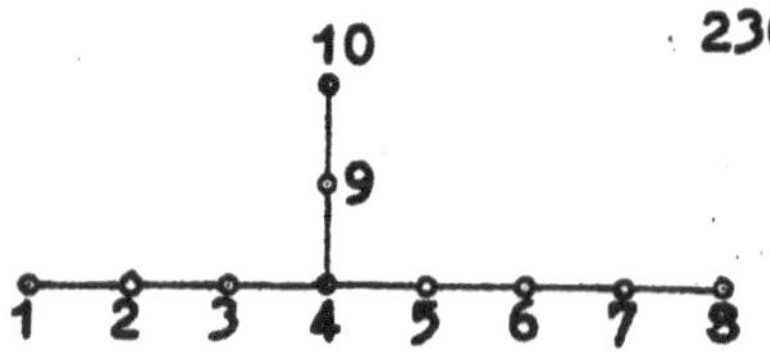

Tabelle 8 D = 17199 = $3^3.7^2.13$

-K \ W	1	2	3	4	5	6	7	8	9	10	S
1	191087	73260	28694	611	1832	4884	611	1832	4884	12821	320516
2		219780	86081	1832	5495	14652	1832	5495	14652	38462	461541
3			229548	4884	14652	39072	4884	14652	39072	102564	564103
4				191087	73260	28694	611	1832	4884	12821	320516
5					219780	86081	1832	5495	14652	38462	461541
6						229548	4884	14652	39072	102564	564103
7							191087	73260	28694	12821	320516
8								219780	86081	38462	461541
9									229548	102564	564103
10										269231	730772

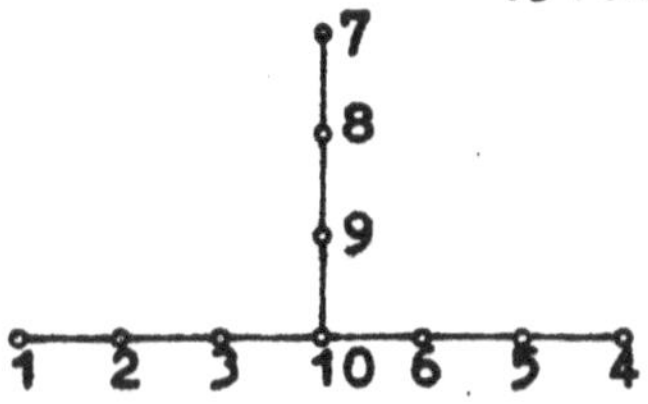

Tabelle 9 D = 16965 = $3^2.5.13.29$

-K \ W	1	2	3	4	5	6	7	8	9	10	S
1	195137	28470	85411	32626	12467	4775	1857	796	265	265	362069
2		195137	85411	32626	12467	4775	1857	796	265	265	362069
3			256233	97878	37401	14324	5570	2387	796	796	586207
4				228382	87268	33422	12997	5570	1857	1857	534483
5					224403	85942	33422	14324	4775	4775	517244
6						224403	87268	37401	12467	12467	517244
7							228382	97878	32626	32626	534483
8								256233	85411	85411	586207
9									195137	28470	362069
10										195137	362069

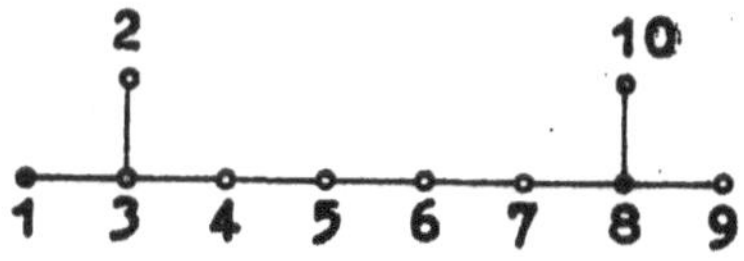

Tabelle 10 $D = 16911 = 3^2.1879$

-K \ W	1	2	3	4	5	6	7	8	9	10	S
1	191591	74774	32730	12507	4790	1863	798	266	266	10910	330495
2		224321	98191	37520	14369	5588	2395	798	798	32730	491484
3			261841	100053	38318	14902	6386	2129	2129	87280	643959
4				229289	87813	34149	14635	4878	4878	33351	559073
5					225120	87547	37520	12507	12507	12773	533264
6						228490	97924	32641	32641	4967	540712
7							256253	85418	85418	2129	588876
8								195139	28473	710	362959
9									195139	710	362959
10										195760	381320

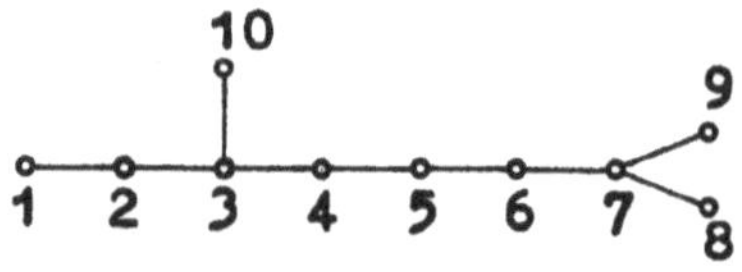

Tabelle 11 $D = 16902 = 2.3^3.313$

-K \ W	1	2	3	4	5	6	7	8	9	10	S
1	191072	73216	28576	12513	4792	1864	799	266	266	4171	317535
2		219649	85729	37540	14377	5591	2396	799	799	12513	452609
3			228612	100106	38339	14909	6390	2130	2130	33369	540290
4				262780	100639	39137	16773	5591	5591	87593	668263
5					230032	89457	38339	12780	12780	33546	575081
6						229233	98243	32748	32748	13046	556976
7							256390	85463	85463	5591	595847
8								195154	28488	1864	365283
9									195154	1864	365283
10										195864	389421

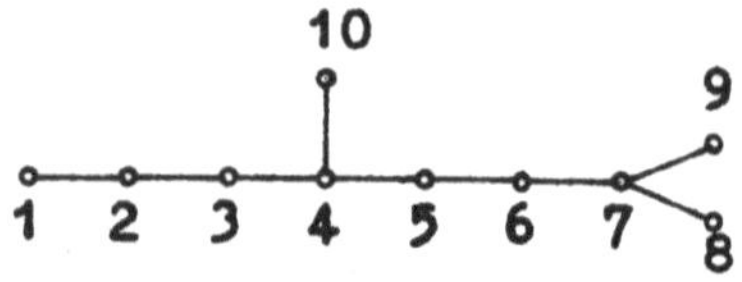

Tabelle 12 $D = 16893 = 3^2.1877$

-K \ W	1	2	3	4	5	6	7	8	9	10	S
1	195258	28592	85775	33475	14651	5594	2131	799	266	4884	371425
2		195258	85775	33475	14651	5594	2131	799	266	4884	371425
3			257326	100426	43953	16782	6393	2397	799	14651	614277
4				234328	102557	39158	14917	5594	1865	34185	599981
5					263719	100693	38359	14385	4795	87906	685669
6						229355	87373	32765	10922	33564	561800
7							223761	83910	27970	12786	499731
8								218966	72989	4795	437399
9									190996	1598	312465
10										195969	395222

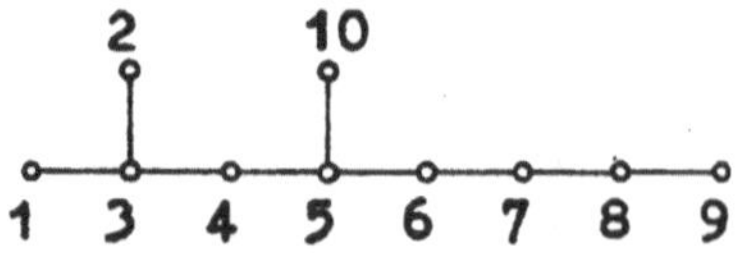

Tabelle 13

D = 16856 = $2^3 \cdot 7^2 \cdot 43$

W / -K	1	2	3	4	5	6	7	8	9	10	S
1	191593	74780	32748	12547	10916	712	4894	2136	801	267	331394
2		224341	98244	37642	32748	2136	14683	6407	2403	801	494185
3			261984	100380	87328	5695	39155	17086	6407	2136	651163
4				230037	33460	13052	89731	39155	14683	4894	575581
5					195776	1898	13052	5695	2136	712	383721
6						195776	33460	87328	32748	10916	383721
7							230037	100380	37642	12547	575581
8								261984	98244	32748	651163
9									224341	74780	494185
10										191593	331394

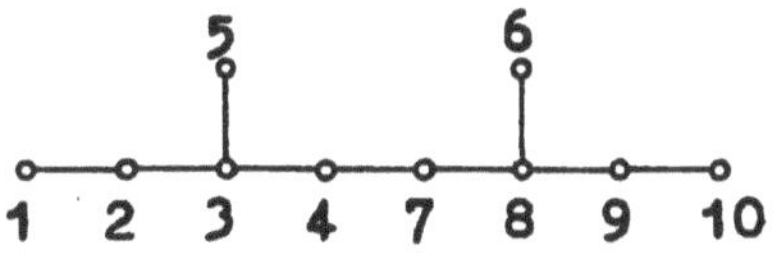

Tabelle 14

D = 16848 = $2^4 \cdot 3^4 \cdot 13$

W / -K	1	2	3	4	5	6	7	8	9	10	S
1	195157	28490	85470	32764	12821	5698	2137	712	2137	712	366098
2		195157	85470	32764	12821	5698	2137	712	2137	712	366098
3			256410	98291	38462	17094	6410	2137	6410	2137	598291
4				229345	89744	39886	14957	4986	14957	4986	562680
5					230769	102564	38462	12821	38462	12821	589747
6						267806	100427	33476	100427	33476	706552
7							225160	75053	37660	12553	514956
8								191684	12553	4184	338318
9									225160	75053	514956
10										191684	338318

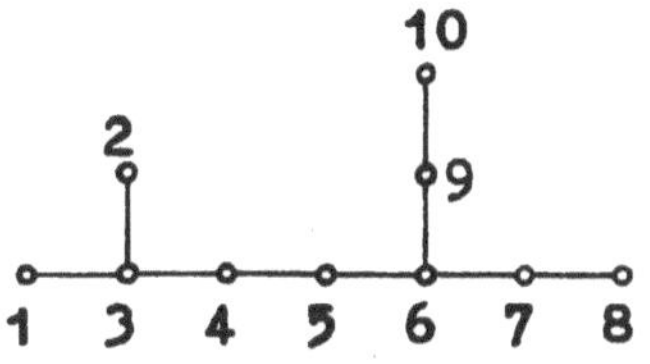

Tabelle 15

D = 16839 = $3^2 \cdot 1871$

W / -K	1	2	3	4	5	6	7	8	9	10	S
1	191609	74826	32870	12827	5612	2138	802	267	10957	1871	333779
2		224479	98610	38482	16836	6414	2405	802	32870	5612	501336
3			262961	102619	44896	17103	6414	2138	87654	14965	670230
4				235168	102886	39195	14698	4899	34206	34295	619275
5					263763	100481	37680	12560	14965	87921	687600
6						228755	85783	28594	5701	33494	547658
7							219669	73223	2138	12560	455372
8								191073	713	4187	318456
9									195885	4988	390077
10										195974	395867

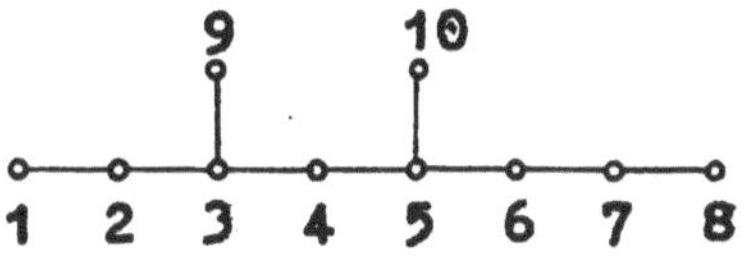

Tabelle 16 D = 16839 = $3^2.1871$

-K \ W	1	2	3	4	5	6	7	8	9	10	S
1	195974	87921	38482	14698	5612	2138	802	267	29307	12827	388028
2		263763	115446	44094	16836	6414	2405	802	87921	38482	664084
3			269375	102886	39284	14965	5612	1871	38482	89792	716195
4				230269	87921	33494	12560	4187	14698	34295	579102
5					224479	85516	32068	10689	5612	13095	521112
6						223054	83645	27882	2138	4988	484234
7							218867	72956	802	1871	431588
8								190985	267	624	310530
9									195974	12827	388028
10										196597	405398

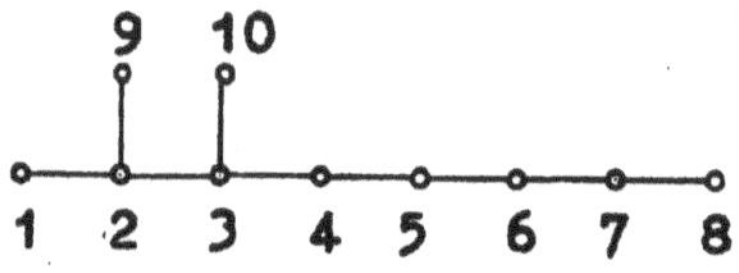

Tabelle 17 D = 16830 = $2.3^2.5.11.17$

-K \ W	1	2	3	4	5	6	7	8	9	10	S
1	195276	28610	85829	33601	14973	5704	2139	713	5615	1872	374332
2		195276	85829	33601	14973	5704	2139	713	5615	1872	374332
3			257487	100802	44920	17112	6417	2139	16845	5615	622995
4				235205	104813	39929	14973	4991	39305	13102	620322
5					269519	102674	38503	12834	101070	33690	737969
6						229590	86096	28699	38503	12834	566845
7							219786	73262	14439	4813	462567
8								191087	4813	1604	320855
9									225401	75134	526740
10										191711	342247

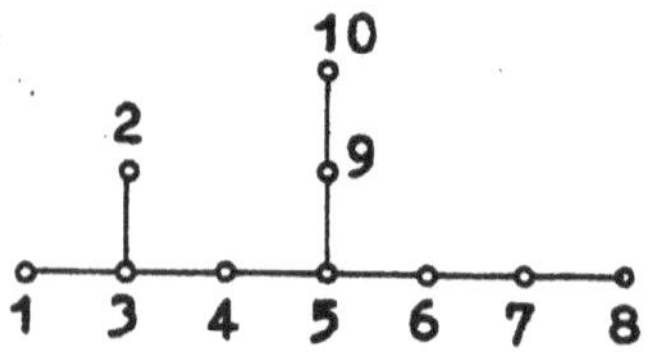

Tabelle 18 D = 16784 = $2^4.1049$

-K \ W	1	2	3	4	5	6	7	8	9	10	S
1	191700	75101	4200	12601	33603	13108	5720	2145	715	1907	340800
2		225304	12601	37804	100810	39323	17159	6435	2145	5720	522402
3			191700	75101	33603	13108	5720	2145	715	1907	340800
4				225304	100810	39323	17159	6435	2145	5720	522402
5					268827	104862	45758	17159	5720	15253	726405
6						235939	102955	38608	12869	34318	634413
7							263108	98665	32888	87703	676835
8								224500	74833	32888	503813
9									191611	10962	334603
10										195901	392279

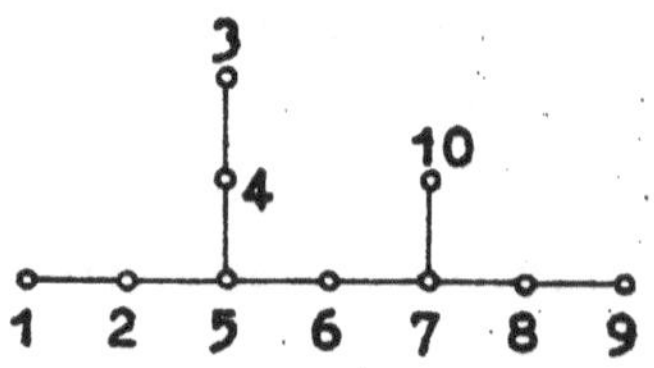

Tabelle 19 D = 16775 = $5^2.11.61$

W / -K	1	2	3	4	5	6	7	8	9	10	S
1	191714	75142	33711	14754	5633	2146	805	268	4918	11237	340328
2		225425	101133	44262	16900	6438	2414	805	14754	33711	520984
3			269687	118033	45067	17168	6438	2146	39344	89896	722623
4				270492	103279	39344	14754	4918	90164	39344	739344
5					230343	87750	32906	10906	34426	15022	582295
6						223905	83964	27988	13115	5723	507541
7							218987	72996	4918	2146	440328
8								190999	1639	715	313443
9									196721	13115	413114
10										196632	407541

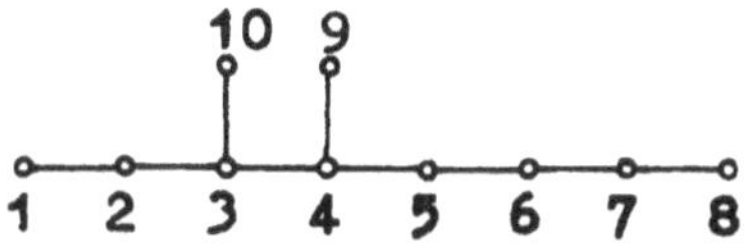

Tabelle 20 D = 16767 = $3^6.23$

W / -K	1	2	3	4	5	6	7	8	9	10	S
1	191090	73269	28717	12882	4294	1879	5636	2147	805	268	320987
2		219807	86151	38647	12882	5636	16908	6441	2413	805	462961
3			229737	103060	34353	15030	45089	17177	6441	2147	567902
4				270531	90177	39452	118357	45089	16908	5636	740739
5					196726	13151	39452	15030	5636	1879	413580
6						196726	90177	34353	12882	4294	413580
7							270531	103060	38647	12882	740739
8								229737	86151	28717	567902
9									219807	73269	462961
10										191090	320987

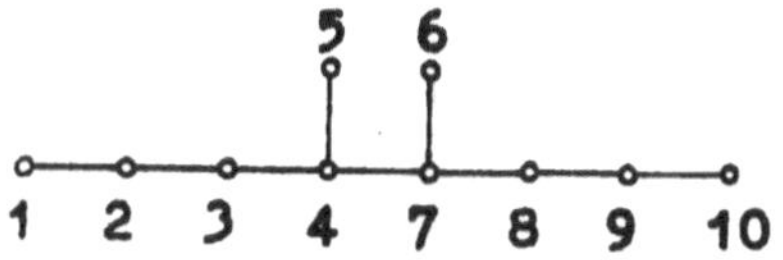

Tabelle 21 D = 16767 = $3^6.23$

W / -K	1	2	3	4	5	6	7	8	9	10	S
1	196099	29433	88298	39363	15030	5726	2147	716	14761	4920	396493
2		196099	88298	39363	15030	5726	2147	716	14761	4920	396493
3			264895	118089	45089	17177	6441	2147	44283	14761	689478
4				275541	105207	40079	15030	5010	103328	34443	775455
5					231079	88030	33011	11004	39452	13151	596083
6						224011	84004	28001	15030	5010	512794
7							219002	73001	5636	1879	442298
8								191000	1879	626	314100
9									226248	75416	540794
10										191805	346931

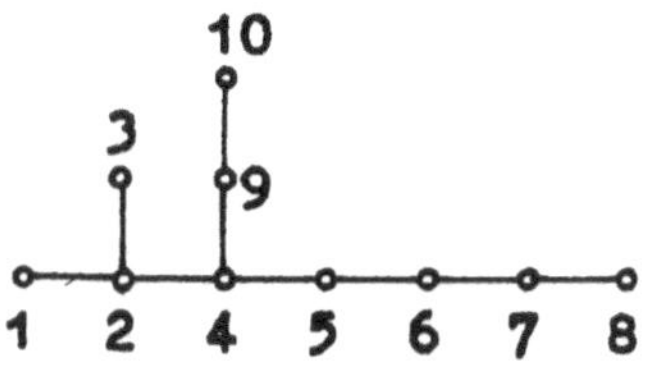

Tabelle 22 D = 16758 = $2.3^2.7^2.19$

-K \ W	1	2	3	4	5	6	7	8	9	10	S
1	196115	29449	88346	39474	15038	5639	1880	15038	5639	1880	398498
2		196115	88346	39474	15038	5639	1880	15038	5639	1880	398498
3			265038	118421	45113	16917	5639	45113	16917	5639	695489
4				276316	105263	39474	13158	105263	39474	13158	789475
5					230576	86466	28822	40100	15038	5013	586467
6						219925	73308	15038	5639	1880	469925
7							191103	5013	1880	627	323310
8								230576	86466	28822	586467
9									219925	73308	469925
10										191103	323310

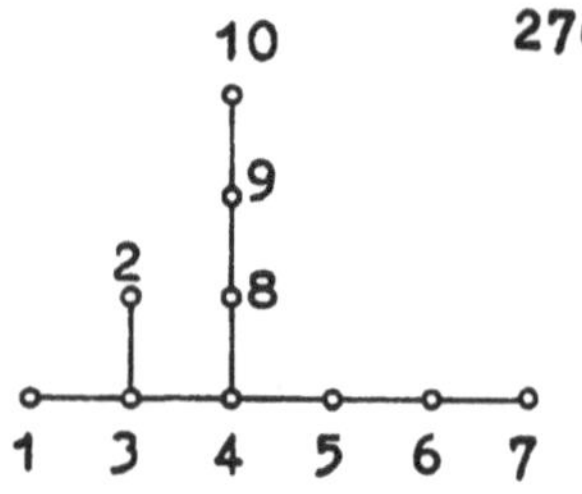

Tabelle 23 D = 16704 = $2^6.3^2.29$

-K \ W	1	2	3	4	5	6	7	8	9	10	S
1	191092	73276	28736	12931	4310	5747	2155	718	2155	718	321838
2		219828	86207	38793	12931	17241	6466	2155	6466	2155	465518
3			229885	103448	34483	45977	17241	5747	17241	5747	574712
4				271552	90517	120690	45259	15086	45259	15086	758621
5					196839	40230	15086	5029	15086	5029	419540
6						275862	103448	34483	103448	34483	781609
7							226293	75431	38793	12931	543103
8								191810	12931	4310	347700
9									226293	75431	543103
10										191810	347700

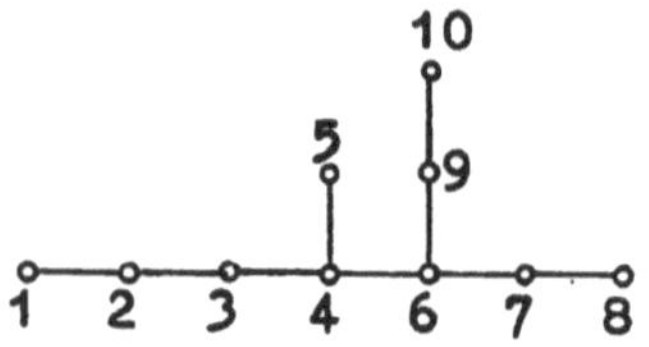

Tabelle 24 D = 16703 = P

-K \ W	1	2	3	4	5	6	7	8	9	10	S
1	191732	75196	33856	11285	15087	5658	1886	5747	2155	718	343320
2		225588	101569	33856	45261	16973	5658	17242	6466	2155	529964
3			270850	90283	120697	45261	15087	45980	17242	5747	746572
4				196761	40232	15087	5029	15327	5747	1916	415523
5					276597	103724	34575	105370	39514	13171	794228
6						226396	75465	39514	14818	4939	547835
7							191822	13171	4939	1646	349278
8								230617	86481	28827	588276
9									219931	73310	470603
10										191103	323532

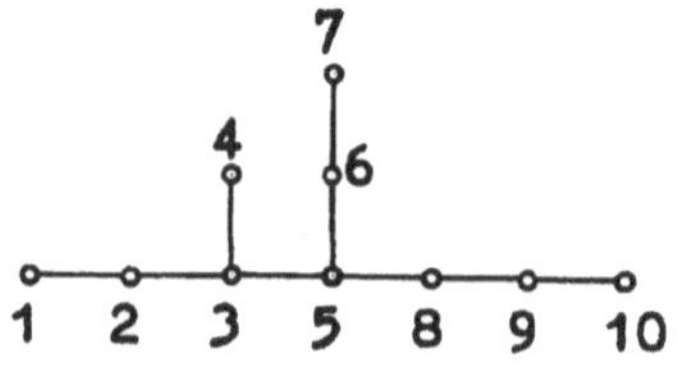

Tabelle 25 $D = 16640 = 2^8.5.13$

-K \ W	1	2	3	4	5	6	7	8	9	10	S
1	191827	75481	34615	12981	4327	1923	5769	15385	5769	1923	350000
2		226442	103846	38942	12981	5769	17308	46154	17308	5769	550000
3			276923	103846	34615	15385	46154	123077	46154	15385	800000
4				226442	75481	5769	17308	46154	17308	5769	550000
5					191827	1923	5769	15385	5769	1923	350000
6						191827	75481	34615	12981	4327	350000
7							226442	103846	38942	12981	550000
8								276923	103846	34615	800000
9									226442	75481	550000
10										191827	350000

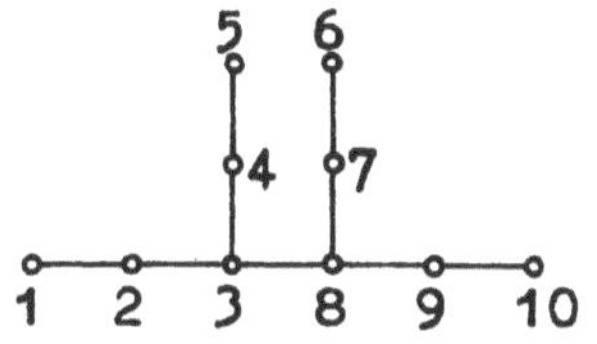

Tabelle 26 $D = 16524 = 2^2.3^5.17$

-K \ W	1	2	3	4	5	6	7	8	9	10	S
1	195261	85784	33497	14706	5719	2451	817	28595	4902	817	372549
2		257353	100490	44118	17157	7353	2451	85784	14706	2451	617647
3			234477	102941	40032	17157	5719	33497	34314	5719	607843
4				264706	102941	44118	14706	14706	88235	14706	705883
5					234477	100490	33497	5719	34314	33497	607843
6						257353	85784	2451	14706	85784	617647
7							195261	817	4902	28595	372549
8								195261	4902	817	372549
9									196078	4902	401961
10										195261	372549

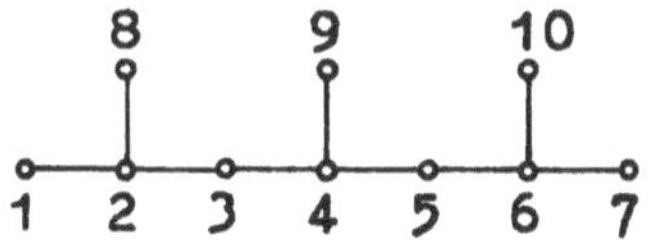

Tabelle 27 $D = 16479 = 3^2.1831$

-K \ W	1	2	3	4	5	6	7	8	9	10	S
1	195977	29310	87930	38504	12835	14746	5735	2458	819	819	389133
2		195977	87930	38504	12835	14746	5735	2458	819	819	389133
3			263790	115511	38504	44238	17204	7373	2458	2458	667396
4				269525	89842	103222	40142	17204	5735	5735	723924
5					196614	34407	13381	5735	1912	1912	407977
6						231021	89842	38504	12835	12835	576396
7							229383	98307	32769	32769	565267
8								256417	85472	85472	599400
9									195157	28491	366467
10										195157	366467

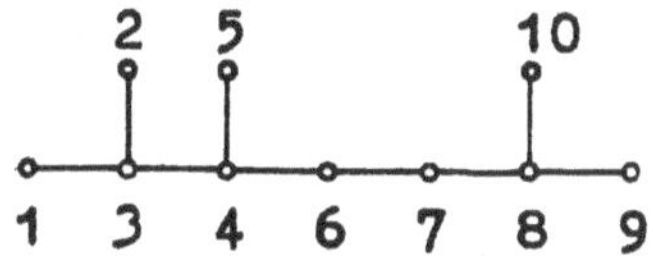

Tabelle 28 $D = 16416 = 2^5.3^3.19$

W / -K	1	2	3	4	5	6	7	8	9	10	S
1	195998	29331	87993	38651	12884	15077	6579	2193	2467	822	391995
2		195998	87993	38651	12884	15077	6579	2193	2467	822	391995
3			263980	115954	38651	45230	19737	6579	7401	2467	675985
4				270559	90186	105537	46053	15351	17270	5757	743969
5					196729	35179	15351	5117	5757	1919	414657
6						236202	103070	34357	38651	12884	641264
7							263158	87719	98684	32895	679825
8								195906	32895	10965	393275
9									224507	74836	504935
10										191612	334979

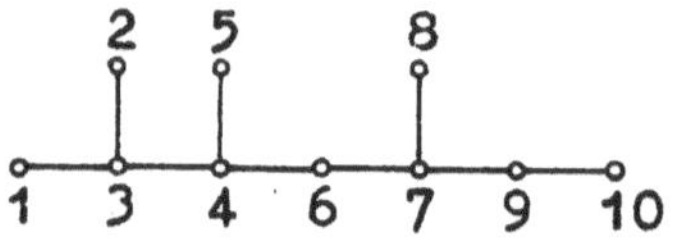

Tabelle 29 $D = 16407 = 3^2.1823$

W / -K	1	2	3	4	5	6	7	8	9	10	S
1	195283	28616	85848	33644	15085	5028	6583	2194	2468	823	375572
2		195283	85848	33644	15085	5028	6583	2194	2468	823	375572
3			257543	100933	45255	15085	19748	6583	7405	2468	626716
4				235509	105595	35198	46078	15359	17279	5760	628999
5					271530	90510	118486	39495	44432	14811	760284
6						196837	39495	13165	14811	4937	420094
7							269885	89962	101207	33736	731763
8								196654	33736	11245	410587
9									225453	75151	524410
10										191717	341471

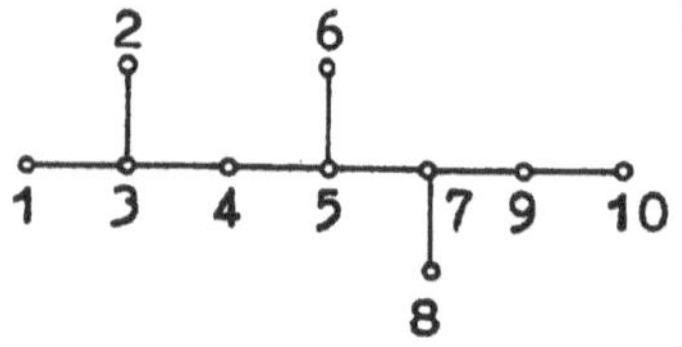

Tabelle 30 $D = 16398 = 2.3^2.911$

W / -K	1	2	3	4	5	6	7	8	9	10	S
1	196121	29455	88364	39517	14819	4940	15368	6586	2195	2195	399560
2		196121	88364	39517	14819	4940	15368	6586	2195	2195	399560
3			265093	118551	44457	14819	46103	19759	6586	6586	698682
4				276619	103732	34577	107574	46103	15368	15368	796926
5					226400	75467	40340	17289	5763	5763	548849
6						191822	13447	5763	1921	1921	349617
7							236279	101262	33754	33754	643249
8								257684	85895	85895	632821
9									195298	28632	377607
10										195298	377607

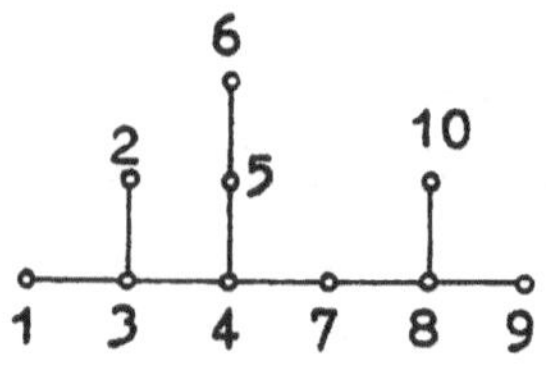

Tabelle 31 D = 16335 = $3^3.5.11^2$

K \ W	1	2	3	4	5	6	7	8	9	10	S
1	196143	29477	88430	39669	13223	17355	5785	6612	2479	826	399999
2		196143	88430	39669	13223	17355	5785	6612	2479	826	399999
3			265289	119008	39669	52066	17355	19835	7438	2478	699998
4				277686	92562	121488	40496	46281	17355	5785	799999
5					197521	40496	13499	15427	5785	1928	433333
6						271901	90634	103581	38843	12948	766667
7							196878	34527	12948	4316	422223
8								229936	86226	28742	555559
9									219835	73278	466666
10										191093	322220

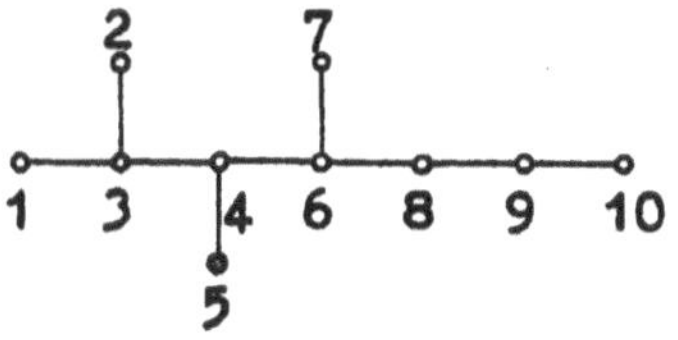

Tabelle 32 D = 16317 = $3^2.7^2.37$

K \ W	1	2	3	4	5	6	7	8	9	10	S
1	196268	29601	88803	40541	15444	5792	1931	17375	5792	5792	407339
2		196268	88803	40541	15444	5792	1931	17375	5792	5792	407339
3			266409	121622	46332	17375	5792	52124	17375	17375	722010
4				283784	108108	40541	13514	121622	40541	40541	851355
5					231660	86873	28958	46332	15444	15444	610039
6						220077	73359	17375	5792	5792	478768
7							191120	5792	1931	1931	326259
8								266409	88803	88803	722010
9									196268	29601	407339
10										196268	407339

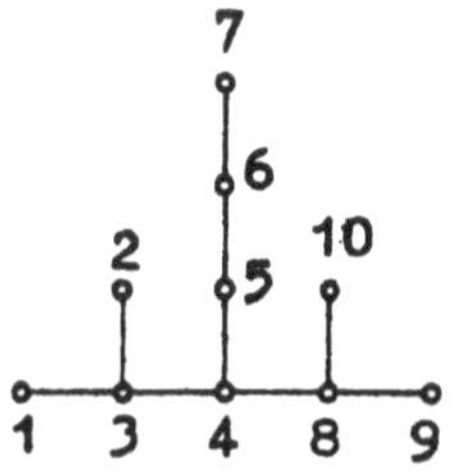

Tabelle 33 D = 16280 = $2^3.5.11.37$

K \ W	1	2	3	4	5	6	7	8	9	10	S
1	191738	75215	33907	11302	15203	5068	2211	6634	2488	829	344595
2		225645	101720	33907	45608	15203	6634	19902	7463	2488	533785
3			271253	90418	121622	40541	17690	53071	19902	6634	756758
4				196806	40541	13514	5897	17690	6634	2211	418920
5					278716	92905	40541	121622	45608	15203	817569
6						197635	13514	40541	15203	5068	439192
7							196806	90418	33907	11302	418920
8								271253	101720	33907	756758
9									225645	75215	533785
10										191738	344595

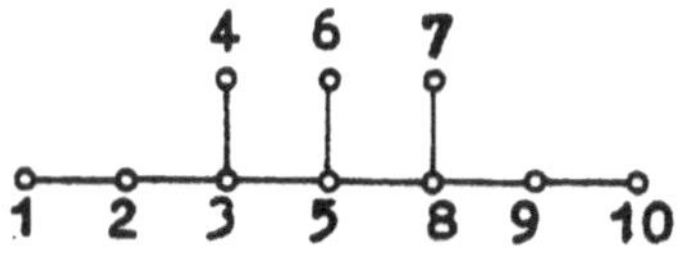

Tabelle 34 D = 16272 = $2^4.3^2.113$

W / -K	1	2	3	4	5	6	7	8	9	10	S
1	191833	75498	34661	12998	4333	15487	5162	6637	2212	2212	351033
2		226493	103982	38993	12998	46460	15487	19912	6637	6637	553097
3			277286	103982	34661	123894	41298	53097	17699	17699	808259
4				226493	75498	46460	15487	19912	6637	6637	553097
5					191833	15487	5162	6637	2212	2212	351033
6						278761	92920	119469	39823	39823	818584
7							197640	39823	13274	13274	439527
8								265487	88496	88496	707966
9									196165	29499	402654
10										196165	402654

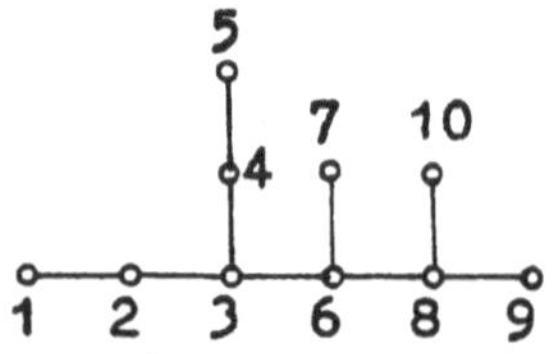

Tabelle 35 D = 16263 = $3^2.13.139$

W / -K	1	2	3	4	5	6	7	8	9	10	S
1	196274	29607	88821	40583	15219	5073	17709	5903	6641	2214	408044
2		196274	88821	40583	15219	5073	17709	5903	6641	2214	408044
3			266464	121749	45656	15219	53127	17709	19923	6641	724130
4				284080	106530	35510	123962	41321	46486	15495	858299
5					227449	75816	46486	15495	17432	5811	571113
6						191939	15495	5165	5811	1937	357038
7							272274	90758	102103	34034	773657
8								196919	34034	11345	424552
9									225789	75263	540123
10										191754	346708

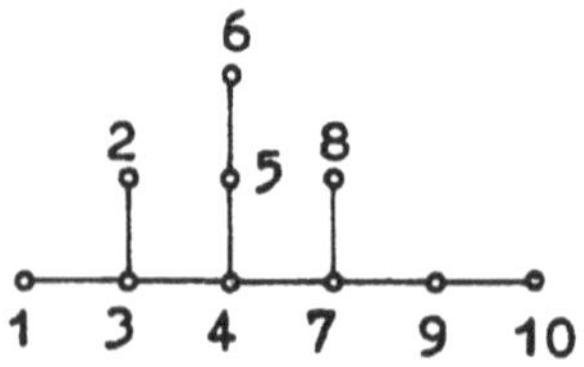

Tabelle 36 D = 15912 = $2^3.3^2.13.17$

W / -K	1	2	3	4	5	6	7	8	9	10	S
1	196173	88518	29506	39876	13292	17817	5939	7636	2545	2545	403847
2		265554	88518	119627	39876	53450	17817	22907	7636	7636	711539
3			196173	39876	13292	17817	5939	7636	2545	2545	403847
4				279129	93043	124717	41572	53450	17817	17817	826924
5					197681	41572	13857	17817	5939	5939	442308
6						279129	93043	119627	39876	39876	826924
7							197681	39876	13292	13292	442308
8								265554	88518	88518	711539
9									196173	29506	403847
10										196173	403847

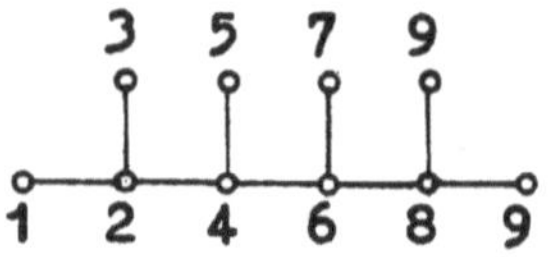

Tabelle 37 D = 15876 = $2^2.3^4.7^2$

W / K	1	2	3	4	5	6	7	8	9	10	S
1	196429	29762	89286	5952	5952	17857	5952	5952	17857	41667	416666
2		196429	89286	5952	5952	17857	5952	5952	17857	41667	416666
3			267857	17857	17857	53571	17857	17857	53571	125000	749999
4				196429	29762	89286	5952	5952	17857	41667	416666
5					196429	89286	5952	5952	17857	41667	416666
6						267857	17857	17857	53571	125000	749999
7							196429	29762	89286	41667	416666
8								196429	89286	41667	416666
9									267857	125000	749999
10										291667	916669

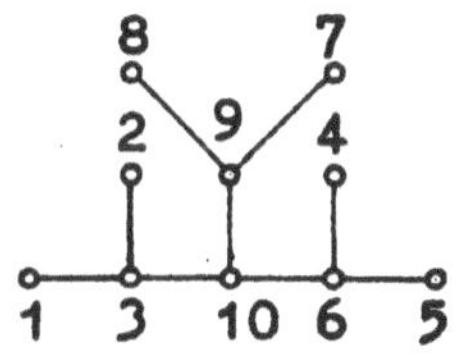

Tabelle 38 D = 15125 = $5^3.11^2$

W / K	1	2	3	4	5	6	7	8	9	10	S
1	223636	85455	32727	12727	5455	3636	5455	12727	32727	85455	500000
2		223636	85455	32727	12727	5455	3636	5455	12727	32727	500000
3			223636	85455	32727	12727	5455	3636	5455	12727	500000
4				223636	85455	32727	12727	5455	3636	5455	500000
5					223636	85455	32727	12727	5455	3636	500000
6						223636	85455	32727	12727	5455	500000
7							223636	85455	32727	12727	500000
8								223636	85455	32727	500000
9									223636	85455	500000
10										223636	500000

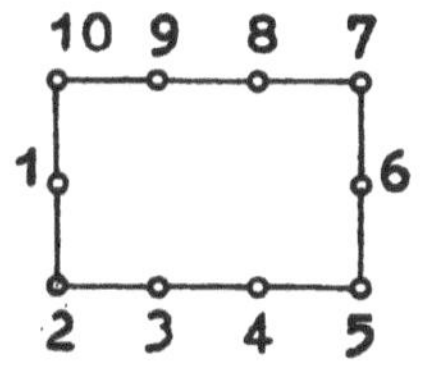

Tabelle 39 D = 14744 = $2^3.19.97$

W / K	1	2	3	4	5	6	7	8	9	10	S
1	195876	87629	33505	12887	5155	2577	2577	5155	12887	33505	391753
2		262887	100515	38660	15464	7732	7732	15464	38660	100515	675258
3			229415	87731	33776	13599	7020	7461	15362	38626	567010
4				224532	85865	33064	13327	6918	7427	15362	525773
5					223820	85594	32963	13294	6918	7461	510310
6						223718	85560	32963	13327	7020	505154
7							223718	85594	33064	13599	505154
8								223820	85865	33776	510310
9									224532	87731	525773
10										229415	567010

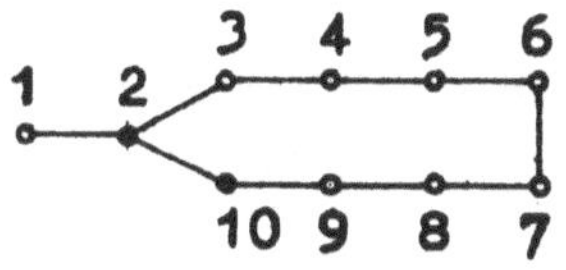

Tabelle 40 D = 14679 = $3^2.7.233$

-K \ W	1	2	3	4	5	6	7	8	9	10	S
1	191702	75107	33619	12876	5007	2146	1431	2146	5007	12876	341917
2		225322	100858	38627	15021	6438	4292	6438	15021	38627	525751
3			268956	103004	40057	17167	11445	17167	40057	103004	735334
4				230431	88289	34437	15021	10627	16861	39955	590128
5					224811	86143	33619	14715	10525	16861	535048
6						223993	85837	33517	14715	10627	515020
7							223891	85837	33619	15021	510013
8								223993	86143	34437	515020
9									224811	88289	535048
10										230431	590128

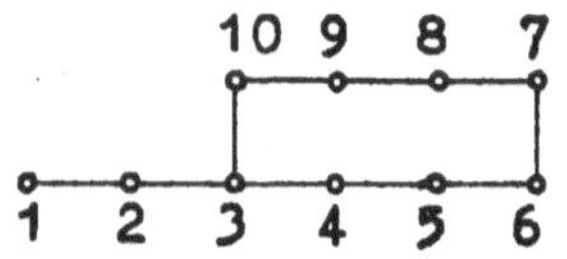

Tabelle 41 D = 14645 = 5.29.101

-K \ W	1	2	3	4	5	6	7	8	9	10	S
1	191089	73267	28713	12871	4950	1980	990	990	1980	4950	321780
2		219802	86139	38614	14851	5941	2970	2970	5941	14851	465346
3			229703	102970	39604	15842	7921	7921	15842	39604	574259
4				270297	103960	41584	20792	20792	41584	103960	757424
5					230966	88938	35848	18607	19973	41311	599008
6						225230	86753	35029	18334	19973	539604
7							224411	86480	35029	18607	519801
8								224411	86753	35848	519801
9									225230	88938	539604
10										230966	599008

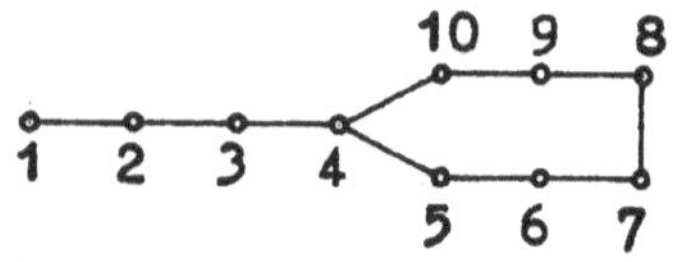

Tabelle 42 D = 14576 = $2^4.911$

-K \ W	1	2	3	4	5	6	7	8	9	10	S
1	190999	72997	27991	10977	4940	1921	823	549	823	1921	313941
2		218990	83974	32931	14819	5763	2470	1647	2470	5763	441824
3			223930	87816	39517	15368	6586	4391	6586	15368	511527
4				230516	103732	40340	17289	11526	17289	40340	592756
5					271679	105653	45280	30187	45280	105653	766740
6						232060	90526	39517	28026	44560	603734
7							226297	88364	38797	28026	544458
8								225576	88364	39517	529638
9									226297	90526	544458
10										232060	603734

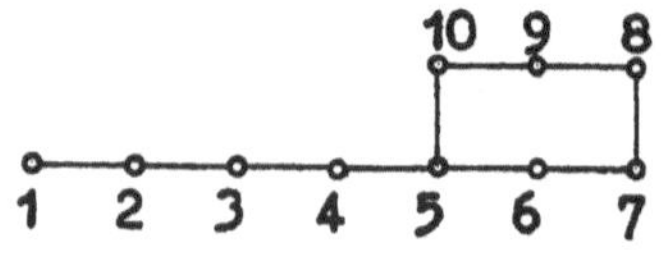

Tabelle 43 D = 14399 = $7.11^2.17$

-K \ W	1	2	3	4	5	6	7	8	9	10	S
1	190985	72956	27884	10695	4202	1910	764	382	382	764	310924
2		218869	83652	32086	12605	5730	2292	1146	1146	2292	432774
3			223071	85561	33613	15279	6112	3056	3056	6112	487396
4				224599	88235	40106	16043	8021	8021	16043	529410
5					231092	105042	42017	21008	21008	42017	600839
6						275019	110008	55004	55004	110008	773110
7							234912	94729	49274	53094	609245
8								229183	92819	49274	544622
9									229183	94729	544622
10										234912	609245

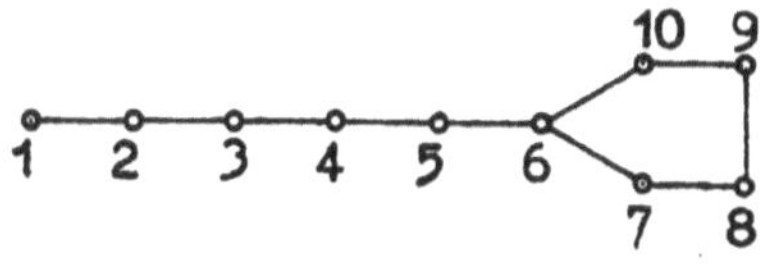

Tabelle 44 D = 14364 = $2^2.3^3.7.19$

-K \ W	1	2	3	4	5	6	7	8	9	10	S
1	195906	87719	33626	13158	5848	4386	1462	5848	13158	33626	394737
2		263158	100877	39474	17544	13158	4386	17544	39474	100877	684211
3			229741	88346	35297	17544	5848	11487	16917	39265	578948
4				225564	88346	39474	13158	16917	11278	16917	552632
5					229741	100877	33626	39265	16917	11487	578948
6						263158	87719	100877	39474	17544	684211
7							195906	33626	13158	5848	394737
8								229741	88346	35297	578948
9									225564	88346	552632
10										229741	578948

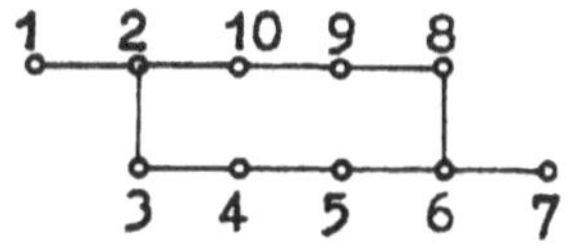

Tabelle 45 D = 14363 = 53.271

-K \ W	1	2	3	4	5	6	7	8	9	10	S
1	195920	87760	33628	13124	5744	4108	6579	2193	13437	33733	396226
2		263281	100884	39372	17232	12323	19738	6579	40312	101198	688679
3			229653	88074	34568	15630	12323	4108	39372	17232	575472
4				224849	86472	34568	17232	5744	11383	16918	537736
5					224849	88074	39372	13124	16918	11383	537736
6						229653	100884	33628	17232	39372	575472
7							263281	87760	101198	40312	688679
8								195920	33733	13437	396226
9									230488	90267	594340
10										230488	594340

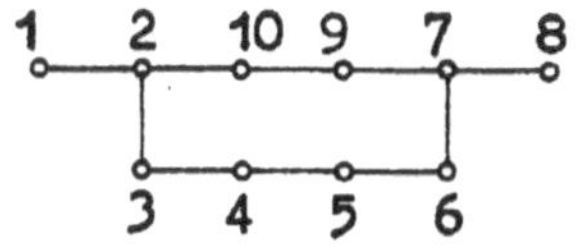

Tabelle 46 — D = 14355 = $3^2.5.11.29$

W / -K	1	2	3	4	5	6	7	8	9	10	S
1	196029	88088	33751	13166	5747	4075	6479	15361	5120	34483	402299
2		264263	101254	39498	17241	12226	19436	46082	15361	103448	706897
3			229781	88088	34483	15361	11599	19436	6479	40230	580462
4				224765	86207	33856	15361	12226	4075	17241	534483
5					224138	86207	34483	17241	5747	11494	522988
6						224765	88088	39498	13166	17241	534483
7							229781	101254	33751	40230	580462
8								264263	88088	103448	706897
9									196029	34483	402299
10										235632	637930

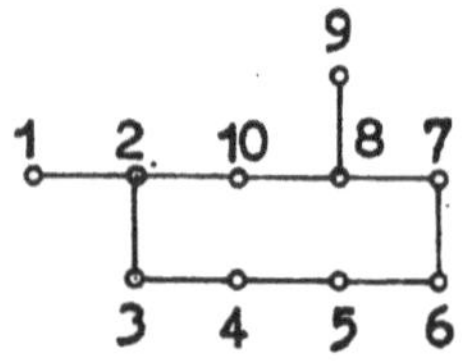

Tabelle 47 — D = 14300 = $2^2.5^2.11.13$

W / -K	1	2	3	4	5	6	7	8	9	10	S
1	196783	90350	34615	13497	5874	4126	6503	15385	39650	13217	420000
2		271049	103846	40490	17622	12378	19510	46154	118951	39650	760000
3			230769	88462	34615	15385	11538	19231	46154	15385	600000
4				224895	86224	33776	15105	11538	19510	6503	540000
5					224056	85944	33776	15385	12378	4126	520000
6						224056	86224	34615	17622	5874	520000
7							224895	88462	40490	13497	540000
8								230769	103846	34615	600000
9									271049	90350	760000
10										196783	420000

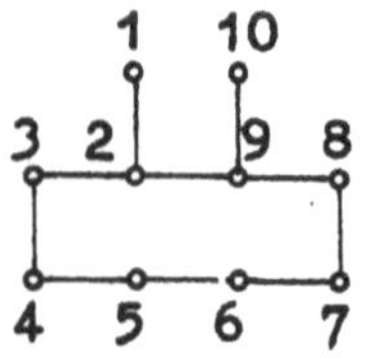

Tabelle 48 — D = 14279 = 109.131

W / -K	1	2	3	4	5	6	7	8	9	10	S
1	195987	87961	33896	13726	7283	8124	3046	1015	14042	34001	399081
2		263884	101688	41179	21850	24371	9139	3046	42125	102003	697246
3			230268	89117	37082	22130	8299	2766	21010	40899	587155
4				226171	89397	42020	15757	5252	20904	20695	564218
5					231109	103929	38973	12991	41705	21185	605504
6						269767	101163	33721	104209	42860	752294
7							225435	75145	39078	16073	532108
8								191715	13026	5358	344035
9									231844	91323	619266
10										231109	605506

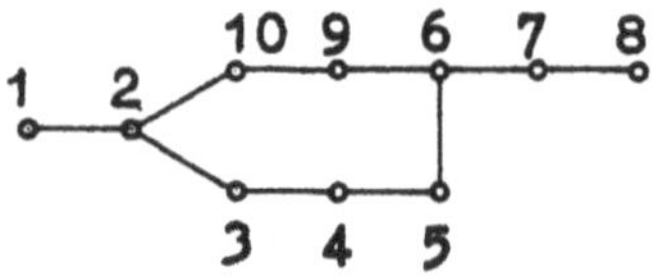

Tabelle 49 D = 14270 = 2.5.1427

W / -K	1	2	3	4	5	6	7	8	9	10	S
1	196111	88332	34022	13735	7183	7814	16258	6097	2032	34863	406447
2		264996	102067	41205	21549	23441	48774	18290	6097	104590	749341
3			230308	88858	36265	19937	23546	8830	2943	41871	588647
4				225368	87246	36370	21864	8199	2733	21023	546601
5					225473	89173	42046	15767	5256	21198	551156
6						231149	104275	39103	13034	42572	606868
7							270778	101542	33847	106517	769447
8								225578	75193	39944	538543
9									191731	13315	346181
10										237036	662929

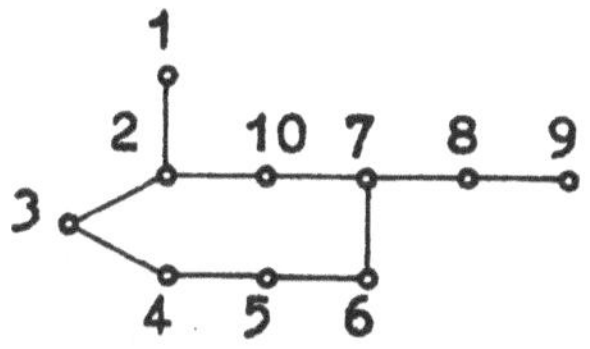

Tabelle 50 D = 14268 = 2^2.3.29.41

W / -K	1	2	3	4	5	6	7	8	9	10	S
1	196138	29472	88415	39634	15244	6098	3049	3049	6098	15244	402441
2		196138	88415	39634	15244	6098	3049	3049	6098	15244	402441
3			265244	118902	45732	18293	9146	9146	18293	45732	707318
4				277439	106707	42683	21341	21341	42683	106707	817071
5					232023	89361	36060	18818	20395	42368	621952
6						225399	86838	35114	18503	20395	548782
7							224453	86522	35114	18818	524390
8								224453	86838	36060	524390
9									225399	89361	548782
10										232023	621952

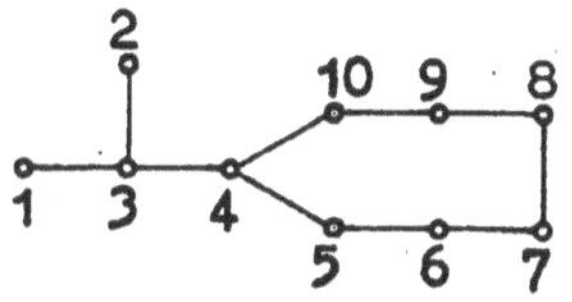

Tabelle 51 D = 14256 = $2^4.3^4$.11

W / -K	1	2	3	4	5	6	7	8	9	10	S
1	195286	28620	85859	33670	15152	5892	2525	1684	2525	5892	377105
2		195286	85859	33670	15152	5892	2525	1684	2525	5892	377105
3			257576	101010	45455	17677	7576	5051	7576	17677	631316
4				235690	106061	41246	17677	11785	17677	41246	639732
5					272727	106061	45455	30303	45455	106061	787882
6						232218	90593	39562	28093	44718	611952
7							226326	88384	38826	28093	547980
8								225589	88384	39562	531988
9									226326	90593	547980
10										232218	611952

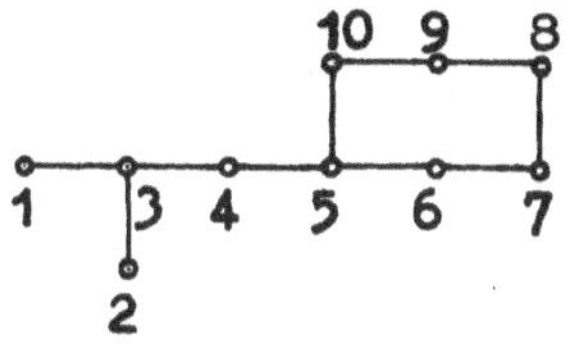

Tabelle 52 D = 14207 = P

W / -K	1	2	3	4	5	6	7	8	9	10	S
1	224678	87035	36426	22243	8341	2780	7320	21961	36320	86999	534103
2		225523	89533	43077	16154	5385	7848	23545	19709	35581	553390
3			232174	106990	40121	13374	16224	48673	22806	19744	626065
4				277891	104209	34736	40825	122475	48708	23650	824804
5					226578	75526	15309	45928	18266	8869	559301
6						191842	5103	15309	6089	2956	353100
7							196980	90941	35018	14113	429681
8								272823	105054	42338	789047
9									231435	89252	612657
10										225417	548919

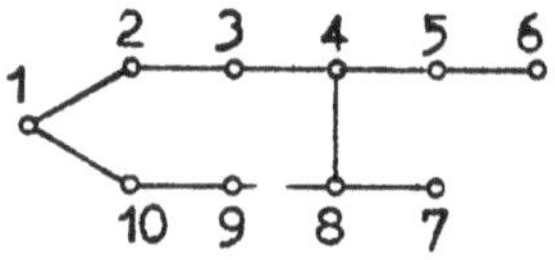

Tabelle 53 D = 14192 = $2^4 . 887$

W / -K	1	2	3	4	5	6	7	8	9	10	S
1	196167	88501	34667	15502	11838	4510	1691	564	15502	34667	403609
2		265502	104002	46505	35513	13529	5073	1691	46505	104002	710823
3			232420	93257	47351	18038	6764	2255	30757	44920	614431
4				233265	106539	40586	15220	5073	45765	30757	632469
5					272266	103720	38895	12965	106539	47351	782977
6						229989	86246	28749	40586	18038	583990
7							219842	73281	15220	6764	468996
8								191094	5073	2255	323000
9									233265	93257	632469
10										232420	614431

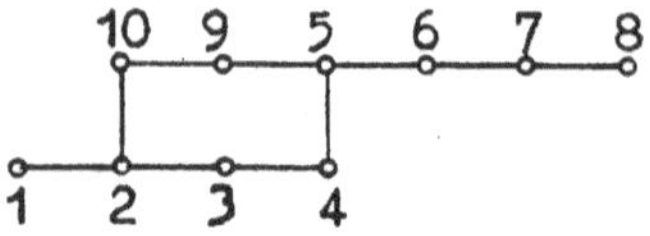

Tabelle 54 D = 14184 = $2^3 . 3^2 . 197$

W / -K	1	2	3	4	5	6	7	8	9	10	S
1	196277	88832	35533	17766	6768	2538	846	10998	15228	34687	409473
2		266497	106599	53299	20305	7614	2538	32995	45685	104061	728425
3			238473	108820	41455	15546	5182	46531	30774	45791	674704
4				273160	104061	39023	13008	106599	46637	33312	795685
5					230118	86294	28765	40609	17766	12690	588831
6						219860	73287	15228	6662	4759	470811
7							191095	5076	2221	1586	323604
8								232657	91371	41455	623519
9									227475	91053	574872
10										231705	601099

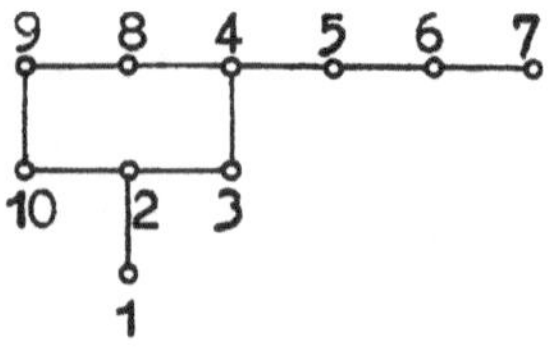

Tabelle 55 D = 14144 = $2^6.13.17$

-K \ W	1	2	3	4	5	6	7	8	9	10	S
1	191742	75226	33937	11312	15271	5939	2545	1697	2545	5939	346153
2		225679	101810	33937	45814	17817	7636	5090	7636	17817	538462
3			271493	90498	122172	47511	20362	13575	20362	47511	769231
4				196833	40724	15837	6787	4525	6787	15837	423077
5					279977	108880	46663	31109	46663	108880	846153
6						233314	91063	39876	28563	45814	634614
7							226527	88518	39027	28563	557691
8								225679	88518	39876	538463
9									226527	91063	557691
10										233314	634614

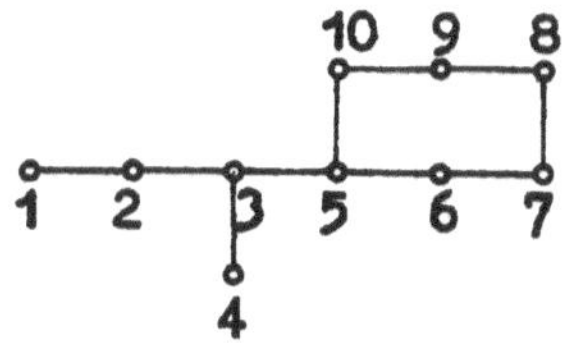

Tabelle 56 D = 14144 = $2^6.13.17$

-K \ W	1	2	3	4	5	6	7	8	9	10	S
1	191742	75226	33937	13292	5939	4525	1697	566	5939	13292	346155
2		225679	101810	39876	17817	13575	5090	1697	17817	39876	538463
3			271493	106335	47511	36199	13575	4525	47511	106335	769231
4				233314	93609	47511	17817	5939	31109	45814	634616
5					233314	106335	39876	13292	45814	31109	634616
6						271493	101810	33937	106335	47511	769231
7							225679	75226	39876	17817	538463
8								191742	13292	5939	346155
9									233314	93609	634616
10										233314	634616

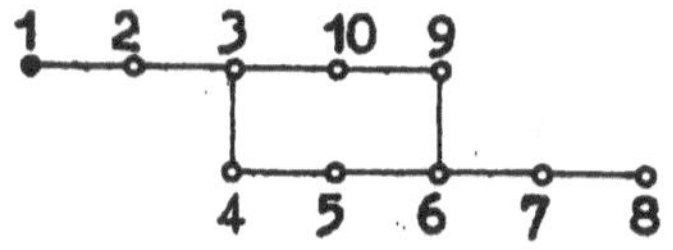

Tabelle 57 D = 14135 = 5.11.257

-K \ W	1	2	3	4	5	6	7	8	9	10	S
1	191758	75274	34064	13303	5837	4209	6792	2547	849	13619	348249
2		225822	102193	39901	17510	12628	20375	7641	2547	40856	544747
3			272515	106403	46693	33675	54333	20375	6792	108949	785992
4				232614	91440	41705	33675	12628	4209	46693	622568
5					227626	91440	46693	17510	5837	31128	581714
6						232614	106403	39901	13300	46693	622568
7							272515	102193	34064	108949	785992
8								225822	75274	40856	544747
9									191758	13619	348249
10										239300	690662

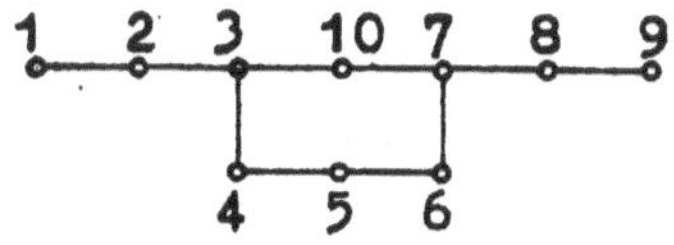

Tabelle 58 $D = 14120 = 2^3.5.353$

-K \ W	1	2	3	4	5	6	7	8	9	10	S
1	191112	73336	28895	13350	5205	2266	1593	2514	5949	1983	326203
2		220007	86686	40050	15616	6799	4780	7542	17847	5949	478612
3			231161	106799	41643	18130	12748	20113	47592	15864	609631
4				280347	109313	47592	33463	52797	124929	41643	850283
5					233605	91501	40899	31197	52691	17564	639234
6						226912	89235	40793	33144	11048	567420
7							226806	91182	46742	15581	563029
8								232755	107082	35694	621669
9									274504	91501	801981
10										197167	433994

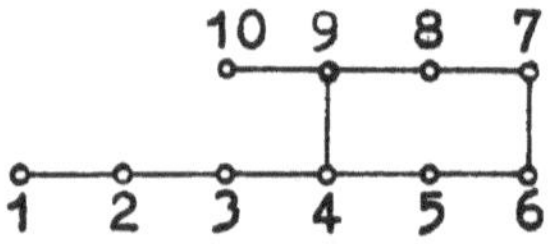

Tabelle 59 $D = 14091 = 3.7.11.61$

-K \ W	1	2	3	4	5	6	7	8	9	10	S
1	195160	28493	85480	32787	12881	5855	2342	1171	1171	2342	367682
2		195160	85480	32787	12881	5855	2342	1171	1171	2342	367682
3			256440	98361	38642	17564	7026	3513	3513	7026	603045
4				229508	90164	40984	16393	8197	8197	16393	573771
5					231850	105386	42155	21077	21077	42155	618268
6						275176	110070	55035	55035	110070	781030
7							234937	94741	49287	53119	612412
8								229189	92825	49287	556206
9									229189	94741	556206
10										234937	612412

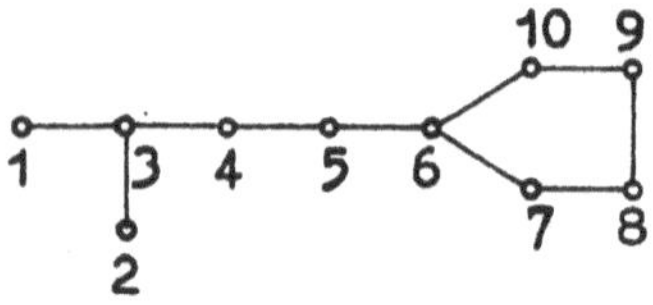

Tabelle 60 $D = 14063 = 7^3.41$

-K \ W	1	2	3	4	5	6	7	8	9	10	S
1	226979	91588	47785	17919	5973	4231	12693	33848	41065	89348	571429
2		233698	109507	41065	13688	6720	20159	53758	31608	41065	642856
3			280737	105276	35092	15928	47785	127427	53758	33848	857143
4				226979	75660	5973	17919	47785	20159	12693	571429
5					191887	1991	5973	15928	6720	4231	357143
6						191887	75660	35092	13688	5973	357143
7							226979	105276	41065	17919	571428
8								280737	109507	47785	857143
9									233698	91588	642856
10										226979	571429

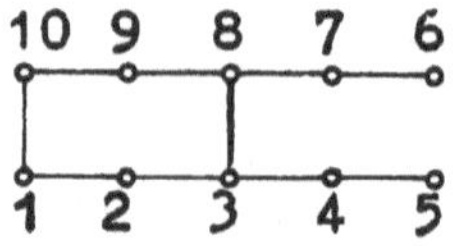

Tabelle 61 D = 14036 = $2^2.11^2.29$

W / -K	1	2	3	4	5	6	7	8	9	10	S
1	191614	74843	32915	10972	12931	5878	2351	1176	1176	2351	336207
2		224530	98746	32915	38793	17633	7053	3527	3527	7053	508620
3			263323	87774	103448	47022	18809	9404	9404	18809	689654
4				195925	34483	15674	6270	3135	3135	6270	396553
5					237069	107759	43103	21552	21552	43103	663793
6						276254	110502	55251	55251	110502	801726
7							235110	94828	49373	53292	620691
8								229232	92868	49373	560346
9									229232	94828	560346
10										235110	620691

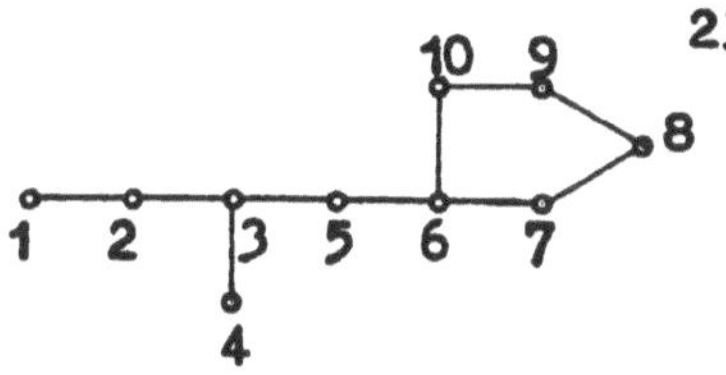

Tabelle 62 D = 13979 = 7.1997

W / -K	1	2	3	4	5	6	7	8	9	10	S
1	196724	90171	36519	19386	21640	8262	3148	1180	393	37270	414693
2		270513	109557	58159	64919	24787	9443	3541	1180	111811	744081
3			235961	98326	59017	22534	8584	3219	1073	56191	630981
4				236820	112132	42814	16310	6116	2039	56764	648866
5					277380	105909	40346	15130	5043	114100	815616
6						231347	88132	33050	11017	43565	611417
7							224050	84019	28006	16596	518634
8								219007	73002	6224	444488
9									191001	2075	314829
10										241970	686566

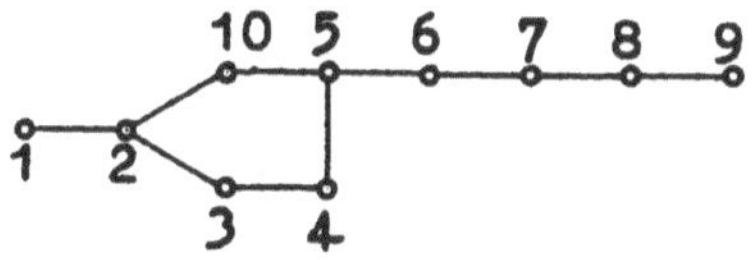

Tabelle 63 D = 13959 = $3^3.11.47$

W / -K	1	2	3	4	5	6	7	8	9	10	S
1	191095	73286	28763	13002	4334	5910	2364	1182	1182	2364	323482
2		219858	86288	39007	13002	17730	7092	3546	3546	7092	470447
3			230102	104019	34673	47281	18913	9456	9456	18913	587864
4				273050	91017	124113	49645	24823	24823	49645	793144
5					197006	41371	16548	8274	8274	16548	431047
6						283688	113475	56738	56738	113475	860519
7							236299	95422	49968	54481	644207
8								229529	93166	49968	572104
9									229529	95422	572104
10										236299	644207

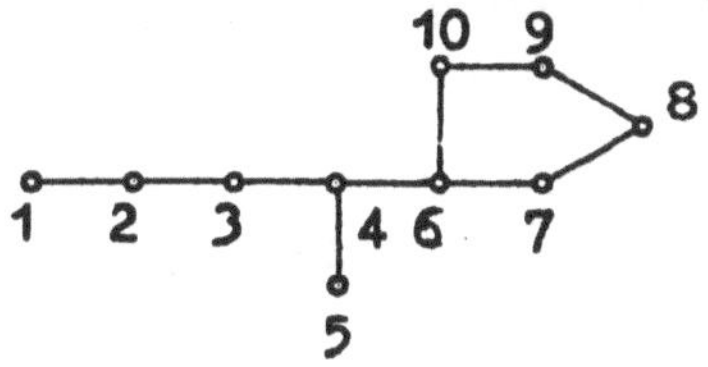

Tabelle 64 $D = 13950 = 2.3^2.5^2.31$

-K \ W	1	2	3	4	5	6	7	8	9	10	S
1	196237	88710	34946	16129	5376	8065	8065	5376	16129	34946	413979
2		266129	104839	48387	16129	24194	24194	16129	48387	104839	741937
3			236452	104516	34839	42258	22258	8172	24516	43118	655914
4				265161	88387	102581	42581	8387	25161	24516	725806
5					196129	34194	14194	2796	8387	8172	408603
6						231290	91290	14194	42581	22258	612905
7							231290	34194	102581	42258	612905
8								196129	88387	34839	408603
9									265161	104516	725806
10										236452	655914

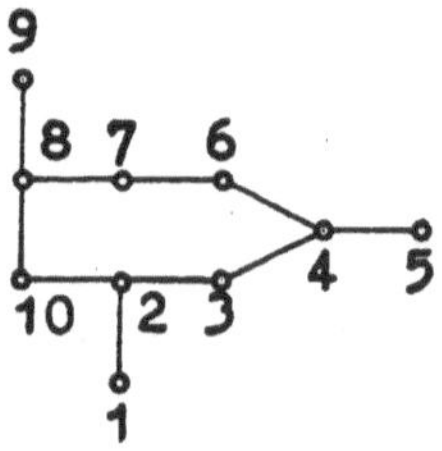

Tabelle 65 $D = 13941 = 3^2.1549$

-K \ W	1	2	3	4	5	6	7	8	9	10	S
1	190983	72950	27867	10652	4089	1614	753	323	215	323	309769
2		218851	83602	31956	12266	4842	2260	968	646	968	429309
3			222940	85216	32709	12912	6025	2582	1722	2582	478157
4				223693	85862	33893	15817	6779	4519	6779	505166
5					224876	88767	41425	17753	11836	17753	537336
6						232408	108457	46482	30988	46482	606845
7							283947	121691	81128	121691	783194
8								242630	106198	75963	621369
9									237465	106198	580915
10										242630	621369

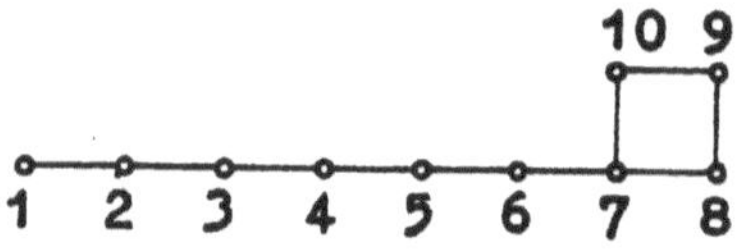

Tabelle 66 $D = 13919 = 31.449$

-K \ W	1	2	3	4	5	6	7	8	9	10	S
1	191824	75472	34593	14010	7436	8298	3161	1185	395	14297	350671
2		226417	103779	42029	22308	24894	9483	3556	1185	42891	552014
3			276744	112077	59487	66384	25289	9483	3161	114376	805373
4				236978	98858	59595	22703	8514	2838	57224	654826
5					237086	112400	42819	16057	5352	57296	659099
6						277606	105755	39658	13219	114663	822472
7							230764	86536	28845	43681	599036
8								219951	73317	16380	474637
9									191106	5460	324878
10										243013	709281

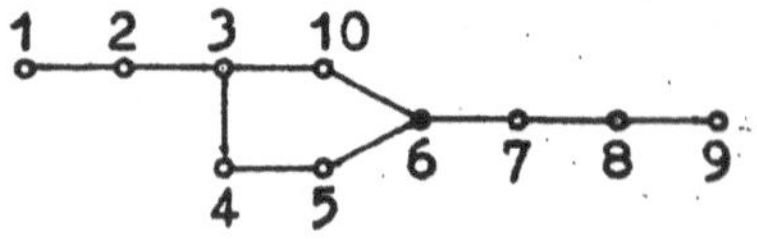

Tabelle 67 $D = 13916 = 2^2 \cdot 7^2 \cdot 71$

W / -K	1	2	3	4	5	6	7	8	9	10	S
1	197614	92843	37439	19474	20983	43475	16600	6324	2371	790	437913
2		278529	112317	58422	62949	130425	49799	18971	7114	2371	813740
3			236275	96508	53248	63237	24145	9198	3449	1150	636966
4				231101	96795	59284	22636	8623	3234	1078	597155
5					237137	114616	43763	16671	6252	2084	654498
6						284565	108652	41391	15522	5174	866341
7							232394	88531	33199	11066	630785
8								224202	84076	28025	526012
9									219028	73009	447254
10										191003	315750

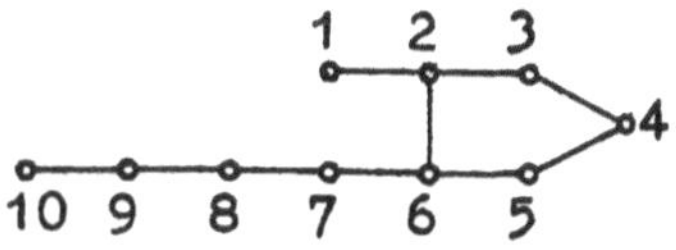

Tabelle 68 $D = 13904 = 2^4 \cdot 11 \cdot 79$

W / -K	1	2	3	4	5	6	7	8	9	10	S
1	191851	75554	13054	4351	34810	15823	6329	3165	3165	6329	354431
2		226661	39161	13054	104430	47468	18987	9494	9494	18987	563290
3			226661	75554	104430	47468	18987	9494	9494	18987	563290
4				191851	34810	15823	6329	3165	3165	6329	354431
5					278481	126582	50633	25316	25316	50633	835441
6						284810	113924	56962	56962	113924	879746
7							236479	95512	50058	54661	651899
8								229574	93211	50058	575951
9									229574	95512	575951
10										236479	651899

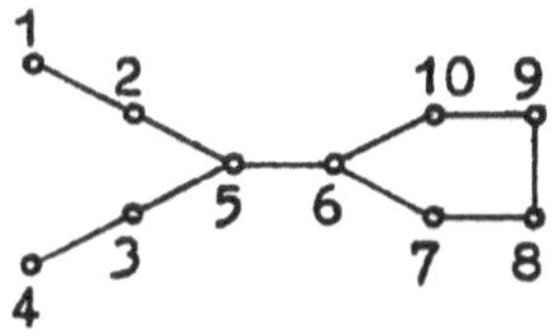

Tabelle 69 $D = 13904 = 2^4 \cdot 11 \cdot 79$

W / -K	1	2	3	4	5	6	7	8	9	10	S
1	196023	88068	34091	14205	8523	2841	2841	8523	14205	34091	403411
2		264205	102273	42614	25568	8523	8523	25568	42614	102273	710229
3			231300	91628	43585	14528	8199	24597	22008	41427	613636
4				232271	105186	35062	16075	48224	23411	22008	630684
5					271972	90657	40024	120073	48224	24597	778409
6						196886	13341	40024	16075	8199	426136
7							196886	90657	35062	14528	426136
8								271972	105186	43585	778409
9									232271	91628	630684
10										231300	613636

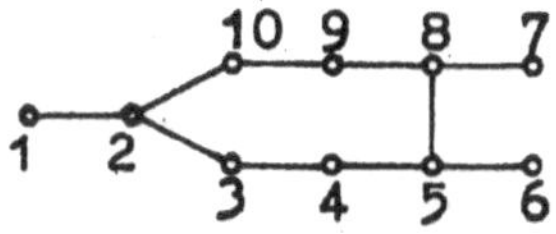

Tabelle 70 D = 13896 = $2^3 . 3^2 . 193$

-K \ W	1	2	3	4	5	6	7	8	9	10	S
1	196136	88407	34111	13925	7664	9067	3022	16516	5505	34974	409327
2		265220	102332	41775	22992	27202	9067	49547	16516	104922	727980
3			230570	89378	37565	23316	7772	24611	8204	42314	600173
4				226360	89702	42746	14249	24288	8096	22021	572540
5					231541	104922	34974	48251	16084	23748	617443
6						272021	90674	120466	40155	49223	779792
7							196891	40155	13385	16408	426597
8								272992	90997	107513	795336
9									196999	35838	431779
10										237478	674439

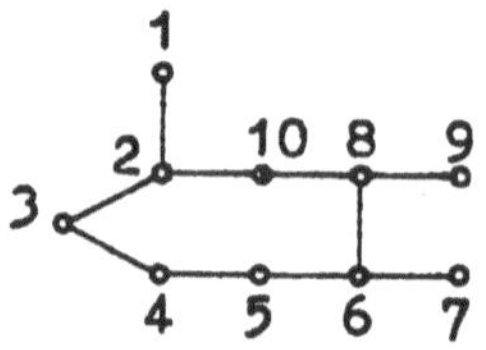

Tabelle 71 D = 13847 = 61.227

-K \ W	1	2	3	4	5	6	7	8	9	10	S
1	191124	73373	28995	13613	5489	2853	3069	6355	2383	794	328048
2		220120	86986	40839	16466	8558	9208	19066	7150	2383	484149
3			231964	108904	43908	22821	24554	50841	19066	6355	624394
4				285874	115260	59905	64454	133459	50047	16682	889037
5					237452	97097	53838	64418	24157	8052	666137
6						231386	97061	59796	22424	7475	609376
7							237344	114971	43114	14371	661984
8								285116	106918	35639	876579
9									227594	75865	578718
10										191955	359571

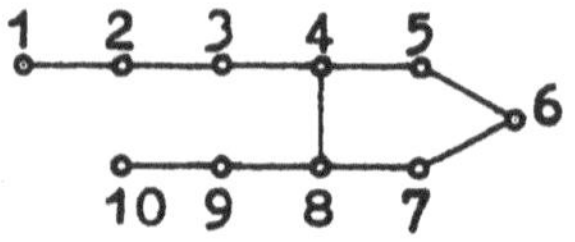

Tabelle 72 D = 13832 = $2^3 . 7 . 13 . 19$

-K \ W	1	2	3	4	5	6	7	8	9	10	S
1	197043	91129	35136	14278	7700	8820	18761	6254	41209	13736	434066
2		273388	105408	42835	23099	26460	56283	18761	123626	41209	802198
3			231637	89503	36871	21110	26460	8820	49451	16484	620880
4				225672	87514	36871	23099	7700	24725	8242	560439
5					225672	89503	42835	14278	24725	8242	560439
6						231637	105408	35136	49451	16484	620880
7							273388	91129	123626	41209	802198
8								197043	41209	13736	434066
9									280220	93407	851649
10										197802	450551

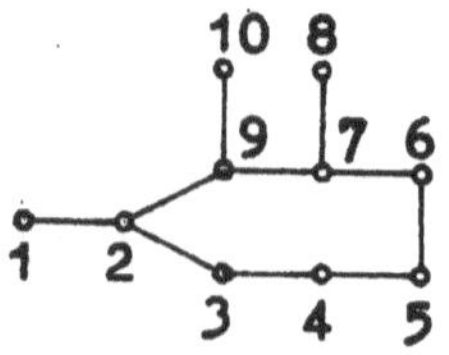

Tabelle 73 $D = 13824 = 2^9.3^3$

W / -K	1	2	3	4	5	6	7	8	9	10	S
1	196181	88542	34722	15625	12153	15625	34722	5208	1736	1736	406250
2		265625	104167	46875	36458	46875	104167	15625	5208	5208	718750
3			232639	93750	48611	31250	45139	20833	6944	6944	624999
4				234375	109375	46875	31250	46875	15625	15625	656250
5					279514	109375	48611	119792	39931	39931	437751
6						234375	93750	46875	15625	15625	656250
7							232639	20833	6944	6944	624999
8								265625	88542	88542	718750
9									196181	29514	406250
10										196181	406250

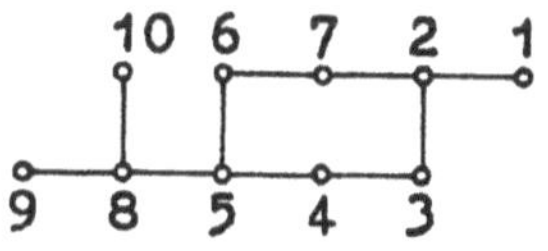

Tabelle 74 $D = 13815 = 3^2.5.307$

W / -K	1	2	3	4	5	6	7	8	9	10	S
1	196308	88925	34745	15309	11183	18241	7818	2606	2606	35722	413463
2		266775	104235	45928	33550	54723	23453	7818	7818	107166	740391
3			231813	91205	41802	34202	14658	4886	4886	46145	608577
4				227687	91857	47883	20521	6840	6840	31270	585340
5					233768	109446	46906	15635	15635	47666	647448
6						280456	120195	40065	40065	111726	857002
7							265798	88599	88599	47883	734430
8								196200	29533	15961	408143
9									196200	15961	408143
10										239631	699131

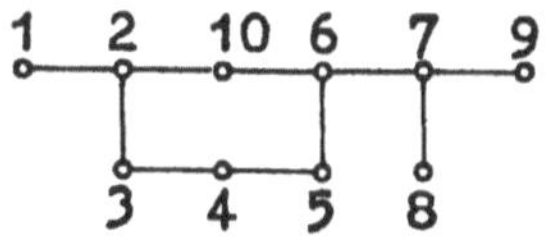

Tabelle 75 $D = 13797 = 3^3.7.73$

W / -K	1	2	3	4	5	6	7	8	9	10	S
1	196456	89367	35877	18265	6849	2283	12068	17939	5980	35769	420653
2		268102	107632	54795	20548	6849	36204	53816	17939	107306	762558
3			239074	109589	41096	13699	48597	36204	12068	47945	691781
4				273973	102740	34247	109589	54795	18265	36530	812788
5					226027	75342	41096	20548	6849	13699	554794
6						191781	13699	6849	2283	4566	351598
7							239074	107632	35877	47945	691781
8								268102	89367	107306	762558
9									196456	35769	420853
10										238204	675039

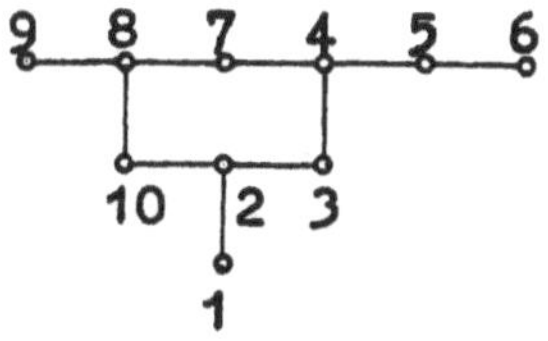

Tabelle 76 D = 13751 = P

-K \ W	1	2	3	4	5	6	7	8	9	10	S
1	197113	91339	35888	16326	13090	4909	1636	18035	41015	13672	433023
2		274016	107665	48978	39270	14726	4909	54105	123045	41015	799068
3			233983	94284	48869	18326	6109	33998	53123	17708	649953
4				233874	107338	40252	13417	47887	36325	12108	650789
5					273144	102429	34143	109665	55850	18617	802415
6						225911	75304	41124	20944	6981	550906
7							191768	13708	6981	2327	350302
8								239983	110283	36761	705549
9									274998	91666	814230
10										197222	438077

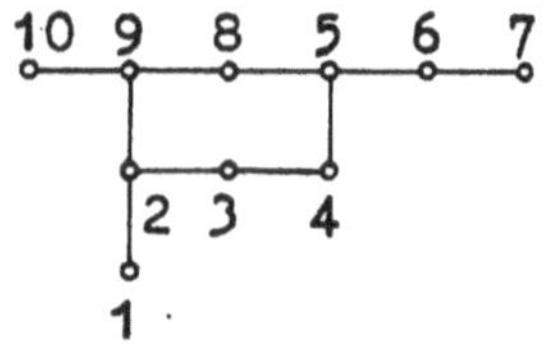

Tabelle 77 D = 13743 = $3^3.509$

-K \ W	1	2	3	4	5	6	7	8	9	10	S
1	191879	75639	35036	13752	6221	4912	1637	6876	15717	5239	356908
2		226916	105108	41257	18664	14735	4912	20629	47151	15717	570728
3			280288	110020	49771	39293	13098	55010	125737	41912	855273
4				234774	94303	48134	16045	34054	54026	18009	664375
5					233137	105108	35036	47151	36346	12115	637852
6						267191	89064	107400	55010	18337	749184
7							196354	35800	18337	6112	416395
8								239249	110347	36782	693298
9									276031	92010	830712
10										197337	443570

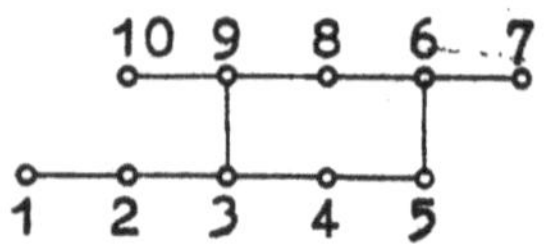

Tabelle 78 D = 13743 = $3^3.5$ 09

-K \ W	1	2	3	4	5	6	7	8	9	10	S
1	197337	92010	35909	15717	11242	18009	42785	18337	6112	6112	443570
2		276031	107728	47151	33726	54028	128356	55010	18337	18337	830714
3			233028	91356	41039	31762	54246	23248	7749	7749	633814
4				226916	89391	41257	34381	14735	4912	4912	570728
5					227134	92010	48898	20956	6985	6985	578366
6						234774	112312	48134	16045	16045	664376
7							288038	123445	41148	41148	914757
8								267191	89064	89064	749184
9									196354	29688	416394
10										196354	416394

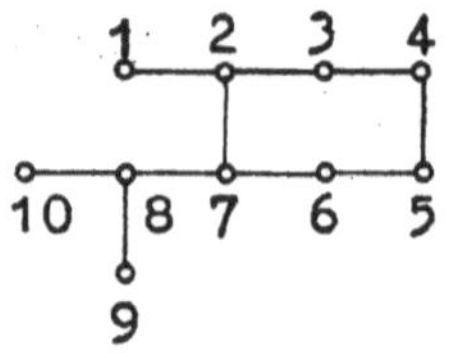

Tabelle 79 D = 13742 = 2.6871

K \ W	1	2	3	4	5	6	7	8	9	10	S
1	197242	91726	36021	16337	12989	4329	18302	41915	15718	5239	439818
2		275178	108063	49010	38968	12989	54905	125746	47155	15718	819458
3			234027	94018	48028	16009	34056	54141	20303	6768	651433
4				233045	105116	35039	47264	36676	13753	4584	634842
5					267319	89106	107735	55887	20958	6986	753092
6						196369	35912	18629	6986	2329	417697
7							240031	112356	42134	14044	706739
8								281182	105443	35148	867123
9									227041	75680	575171
10										191893	358389

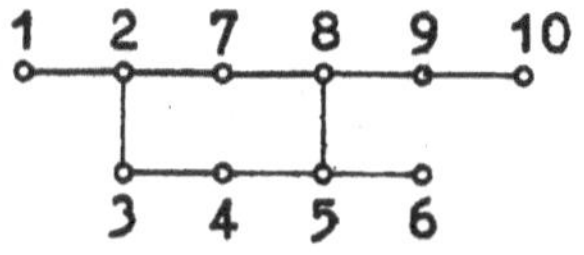

Tabelle 80 D = 13679 = P

K \ W	1	2	3	4	5	6	7	8	9	10	S
1	228197	92149	48249	16083	12172	36516	49126	18422	6141	92441	599496
2		233350	107903	35968	18130	54390	37137	13926	4642	43095	640690
3			275459	91820	42218	126654	62285	23357	7786	36845	822576
4				197273	14073	42218	20761	7786	2595	12282	440859
5					198150	94451	42986	16120	5373	18386	462059
6						283354	128957	48359	16120	55158	886177
7							281600	105600	35200	110242	873894
8								227100	75700	41341	577711
9									191900	13780	359237
10										234228	657798

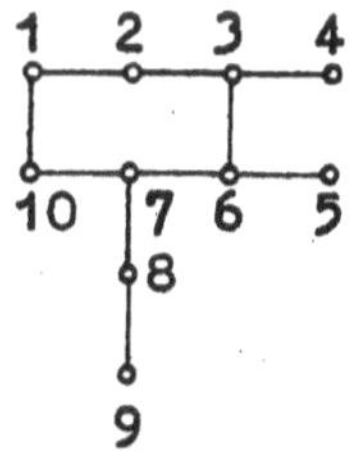

Tabelle 81 D = 13671 = $3^2.7^2.31$

K \ W	1	2	3	4	5	6	7	8	9	10	S
1	197389	92166	36098	16129	12289	20737	6912	43011	16129	5376	446236
2		276498	108295	48387	36866	62212	20737	129032	48387	16129	838709
3			233487	92166	43011	36866	12289	55300	20737	6912	645161
4				228111	92166	48387	16129	36866	13825	4608	596774
5					233487	108295	36098	55300	20737	6912	645161
6						276498	92166	129032	48387	16129	838709
7							197389	43011	16129	5376	446236
8								288786	108295	36098	924731
9									228111	76037	596774
10										192012	365589

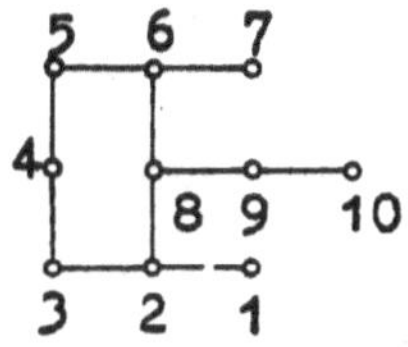

Tabelle 82 D = 13671 = $3^2.7^2.31$

W / -K	1	2	3	4	5	6	7	8	9	10	S
1	195304	28637	85912	33794	15471	6364	3621	1207	3292	6254	379856
2		195304	85912	33794	15471	6364	3621	1207	3292	6254	379856
3			257735	101382	46412	19092	10862	3621	9875	18762	639565
4				236559	108295	44547	25345	8449	23041	43779	658895
5					278473	114549	65175	21725	59250	112574	837395
6						242155	111916	37305	56287	56945	695524
7							270573	90191	109612	58262	749178
8								196730	36537	19421	416592
9									236011	98420	635617
10										236998	657669

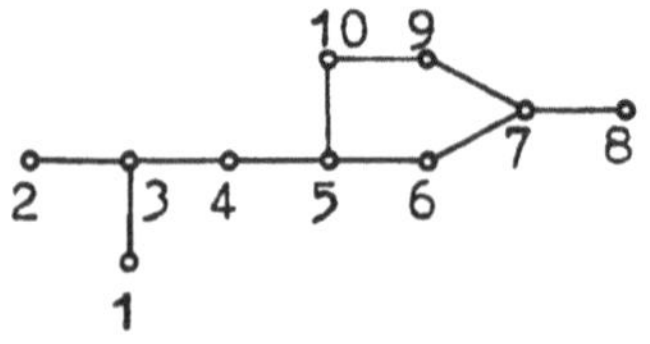

Tabelle 83 D = 13644 = $2^2.3^2.379$

W / -K	1	2	3	4	5	6	7	8	9	10	S
1	242634	106201	75967	121702	46504	17810	6926	2968	989	989	622690
2		237467	106201	81135	31003	11873	4617	1979	660	660	581796
3			242634	121702	46504	17810	6926	2968	989	989	622690
4				283971	108509	41557	16161	6926	2309	2309	786281
5					232520	89050	34631	14841	4947	4947	613456
6						225594	87731	37599	12533	12533	554090
7							228562	97955	32652	32652	548813
8								256267	85422	85422	592347
9									195141	28474	364116
10										195141	364116

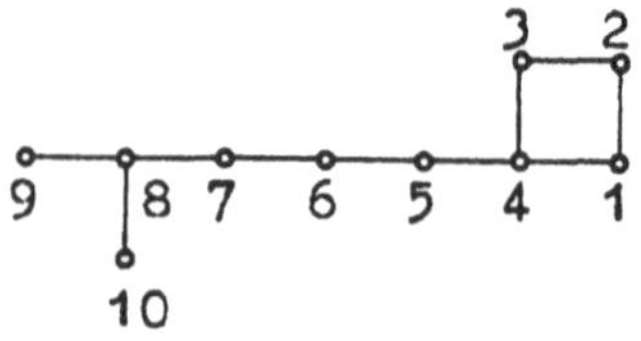

Tabelle 84 D = 13608 = $2^3.3^5.7$

W / -K	1	2	3	4	5	6	7	8	9	10	S
1	197641	92923	37478	19511	21054	43651	16975	7275	2425	2425	441358
2		278770	112434	58532	63161	130952	50926	21825	7275	7275	824073
3			236332	96561	53351	63492	24691	10582	3527	3527	641975
4				231151	96892	59524	23148	9921	3307	3307	601854
5					237324	115079	44753	19180	6393	6393	663580
6						285714	111111	47619	15873	15873	888888
7							237654	101852	33951	33951	679012
8								257937	85979	85979	648148
9									195326	28660	382716
10										195326	382716

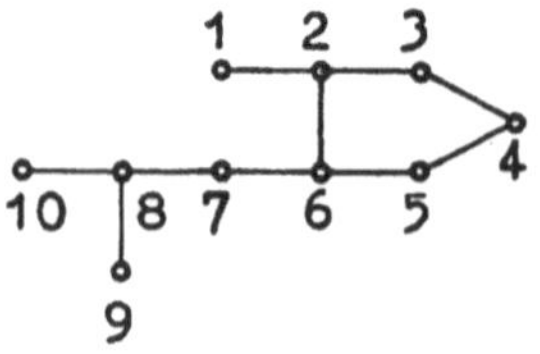

Tabelle 85 D = 13599 = $3^2.1511$

-K \ W	1	2	3	4	5	6	7	8	9	10	S
1	242665	106221	75998	121774	46658	18200	7942	2647	2978	993	626076
2		237481	106221	81182	31105	12133	5295	1765	1985	662	584050
3			242665	121774	46658	18200	7942	2647	2978	993	626076
4				284139	108868	42466	18531	6177	6949	2316	794176
5					233289	90999	39709	13236	14891	4964	630377
6						230532	100596	33532	37723	12574	596955
7							262078	87359	98279	32760	660491
8								195786	32760	10920	386829
9									224355	74785	497683
10										191595	332562

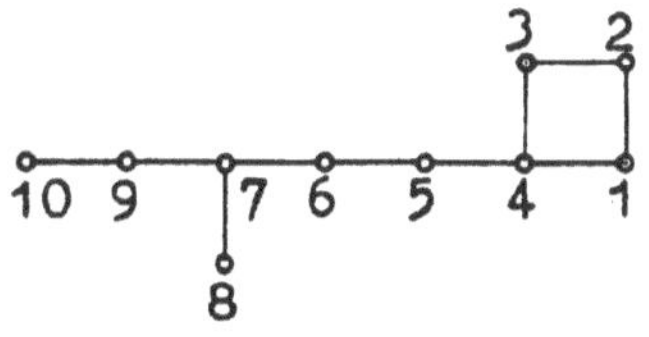

Tabelle 86 D = 13596 = $2^2.3.11.103$

-K \ W	1	2	3	4	5	6	7	8	9	10	S
1	236540	95543	50088	54722	114078	50971	16990	21845	7282	7282	655341
2		229590	93226	50088	57039	25485	8495	10922	3641	3641	577670
3			229590	95543	57039	25485	8495	10922	3641	3641	577670
4				236540	114078	50971	16990	21845	7282	7282	655341
5					285194	127427	42476	54612	18204	18204	888351
6						280340	93447	120146	40049	40049	854370
7							197816	40049	13350	13350	451458
8								265777	88592	88592	723302
9									196197	29531	407769
10										196197	407769

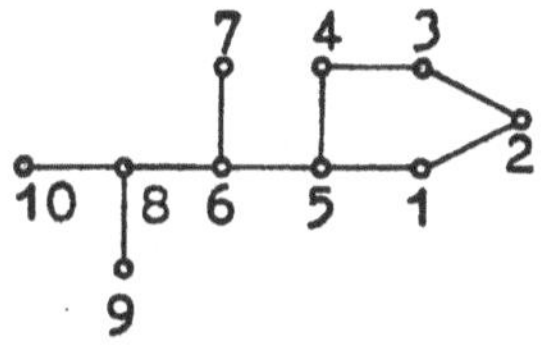

Tabelle 87 D = 13581 = $3^3.503$

-K \ W	1	2	3	4	5	6	7	8	9	10	S
1	191076	73227	28606	12591	4197	4970	2319	994	663	994	319537
2		219682	85818	37773	12591	14911	6958	2982	1988	2982	458912
3			228849	100729	33576	39761	18555	7952	5302	7952	557100
4				264414	88138	104374	48708	20875	13917	20875	712394
5					196046	34791	16236	6958	4639	6958	404130
6						238569	111332	47714	31809	47714	675945
7							285288	122266	81511	122266	815439
8								242876	106362	76209	635188
9									237575	106362	590128
10										242876	635188

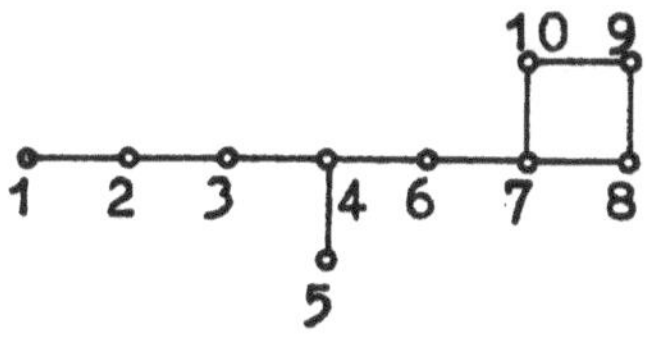

Tabelle 88 D = 13556 = $2^2 . 3389$

W / -K	1	2	3	4	5	6	7	8	9	10	S
1	191760	75280	34081	11360	15602	6418	3652	1217	3320	6307	348997
2		225841	102243	34081	46806	19253	10955	3652	9959	18922	546992
3			272647	90882	124816	51343	29212	9737	26557	50457	791975
4				196961	41605	17114	9737	3246	8852	16819	430657
5					286036	117660	66945	22315	60859	115631	898275
6						243435	112644	37548	56949	58203	720567
7							270987	90329	109988	58978	763427
8								196776	36663	19659	421142
9									236353	99071	648571
10										238234	682281

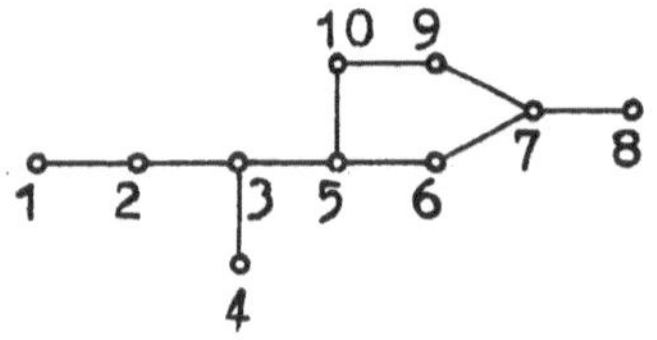

Tabelle 89 D = 13551 = 3.4517

W / -K	1	2	3	4	5	6	7	8	9	10	S
1	191831	75493	34647	14058	7527	8523	3653	1218	1218	14390	352558
2		226478	103941	42174	22581	25570	10959	3653	3653	43170	557672
3			277175	112464	60217	68187	29223	9741	9741	115121	820457
4				237326	99513	61213	26234	8745	8745	57892	668364
5					238322	115453	49480	16493	16493	58557	684636
6						285145	122205	40735	40735	117777	885543
7							266659	88886	88886	50476	736661
8								196295	29629	16825	412220
9									196295	16825	412220
10										244299	735332

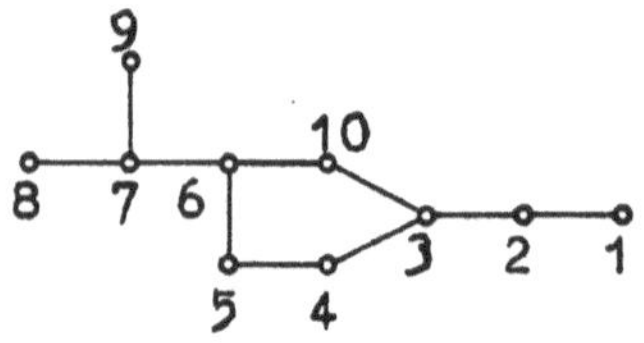

Tabelle 90 D = 13536 = $2^5 . 3^2 . 47$

W / -K	1	2	3	4	5	6	7	8	9	10	S
1	242908	106383	76241	122340	47872	21277	7979	2660	7979	2660	638299
2		237589	106383	81560	31915	14184	5319	1773	5319	1773	592198
3			242908	122340	47872	21277	7979	2660	7979	2660	638299
4				285461	111702	49645	18617	6206	18617	6206	822694
5					239362	106383	39894	13298	39894	13298	691490
6						269504	101064	33688	101064	33688	751774
7							225399	75133	37899	12633	531916
8								191711	12633	4211	343973
9									225399	75133	513916
10										191711	343973

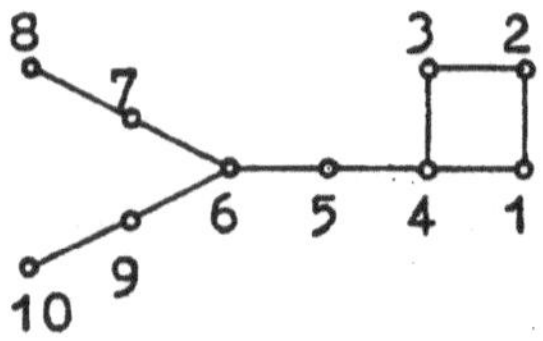

Tabelle 91 $D = 13500 = 2^2.3^3.5^3$

-K \ W	1	2	3	4	5	6	7	8	9	10	S
1	197778	93333	38889	23333	8889	3333	1111	22222	43333	14444	446665
2		280000	116667	70000	26667	10000	3333	66667	130000	43333	840000
3			244444	116667	44444	16667	5556	61111	66667	22222	733334
4				280000	106667	40000	13333	116667	70000	23333	860000
5					231111	86667	28889	44444	26667	8889	613334
6						220000	73333	16667	10000	3333	480000
7							191111	5556	3333	1111	326666
8								244444	116667	38889	733334
9									280000	93333	840000
10										197778	446665

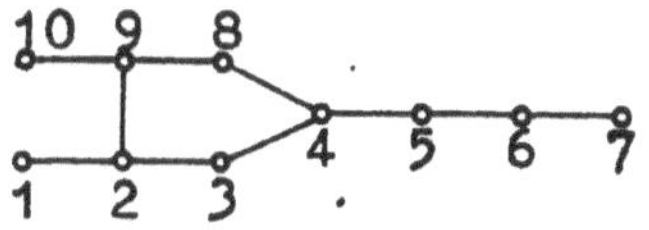

Tabelle 92 $D = 13500 = 2^2.3^3.5^3$

-K \ W	1	2	3	4	5	6	7	8	9	10	S
1	244333	107333	77667	125667	55000	18333	21000	8000	3000	1000	661333
2		238222	107333	83778	36667	12222	14000	5333	2000	667	607555
3			244333	125667	55000	18333	21000	8000	3000	1000	661333
4				293222	128333	42778	49000	18667	7000	2333	876445
5					275000	91667	105000	40000	15000	5000	806667
6						197222	35000	13333	5000	1667	435555
7							231000	88000	33000	11000	608000
8								224000	84000	28000	517333
9									219000	73000	444000
10										191000	314667

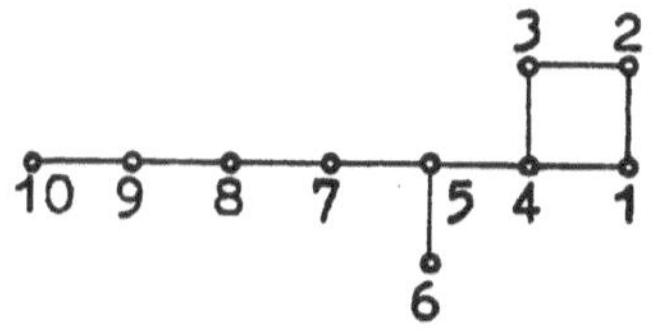

Tabelle 93 $D = 13491 = 3^2.1499$

-K \ W	1	2	3	4	5	6	7	8	9	10	S
1	244496	114410	38137	60596	67378	22459	119079	45364	17011	5670	734590
2		273182	91061	114076	69046	23015	70047	26684	10007	3336	794864
3			197020	38025	23015	7672	23349	8895	3336	1112	431622
4				243607	116744	38915	67712	25795	9673	3224	718367
5					281187	93729	133089	50700	19013	6338	860239
6						197910	44363	16900	6338	2113	453414
7							287191	109406	41027	13676	908939
8								232155	87058	29019	631976
9									220147	73382	486992
10										191127	328997

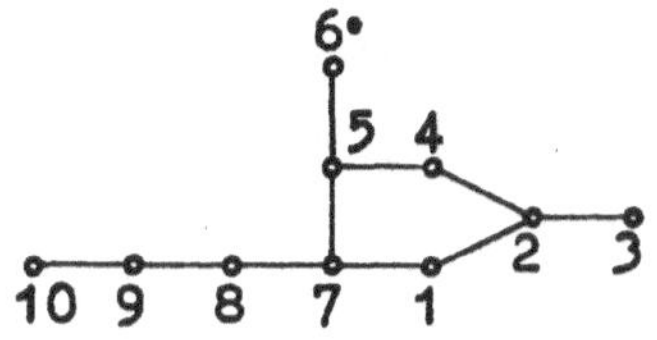

Tabelle 94 D = 13484 = $2^2.3371$

K \ W	1	2	3	4	5	6	7	8	9	10	S
1	197827	93481	37748	19764	21544	44868	19579	6526	7342	2447	451127
2		280443	113245	59292	64632	134604	58736	19579	22026	7342	853380
3			236725	96930	54064	65263	28478	9493	10679	3560	656185
4				231497	97560	61184	26698	8899	10012	3337	615173
5					238616	118288	51617	17206	19356	6452	689335
6						293681	128152	42717	48057	16019	952833
7							274103	91368	102788	34263	815782
8								197123	34263	11421	438595
9									226046	75349	555918
10										191783	351973

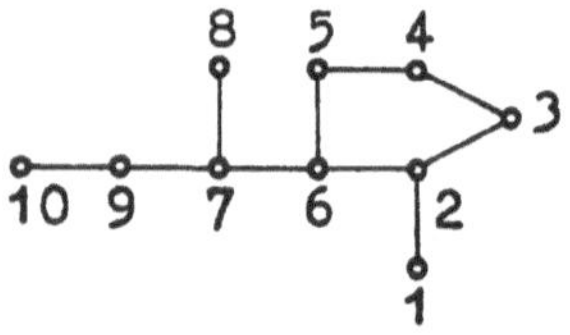

Tabelle 95 D = 13470 = 2.3.5.449

K \ W	1	2	3	4	5	6	7	8	9	10	S
1	191982	75947	35857	14477	7572	8241	17149	7350	2450	2450	363475
2		227840	107572	43430	22717	24722	51448	22049	7350	7350	590425
3			286860	115813	60579	65924	137194	58797	19599	19599	907794
4				237751	97439	54566	66258	28396	9465	9465	677060
5					231737	97773	61581	26392	8797	8797	623384
6						238753	118485	50780	16927	16927	693098
7							293875	125947	41982	41982	955901
8								268263	89421	89421	766816
9									196474	29807	422272
10										196474	422272

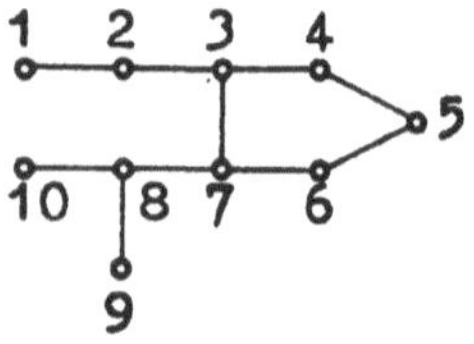

Tabelle 96 D = 13446 = $2.3^4.83$

K \ W	1	2	3	4	5	6	7	8	9	10	S
1	198014	94043	42057	42057	32129	12271	4685	1785	669	223	427934
2		282129	126171	126171	96386	36814	14056	5355	2008	669	783800
3			251562	84895	128514	49085	18742	7140	2677	892	711735
4				251562	128514	49085	18742	7140	2677	892	711735
5					289157	110442	42169	16064	6024	2008	851407
6						233155	89023	33913	12718	4239	630745
7							224900	85676	32129	10710	540832
8								223115	83668	27889	491745
9									218876	72959	434405
10										190986	311467

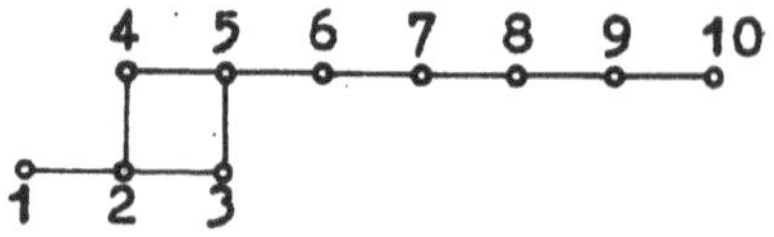

Tabelle 97 D = 13439 = 89.151

-K \ W	1	2	3	4	5	6	7	8	9	10	S
1	197931	93794	39103	23514	8818	2939	22621	44349	16631	5544	455244
2		281383	117308	70541	26453	8818	67862	133046	49892	16631	865728
3			244661	116675	43753	14584	61612	68160	25560	8520	739936
4				279485	104807	34936	116972	71434	26788	8929	854081
5					226803	75601	43865	26788	10045	3348	570281
6						191867	14622	8929	3348	1116	356760
7							245442	119354	44758	14919	752027
8								286628	107486	35829	902003
9									227807	75936	588251
10										191979	362751

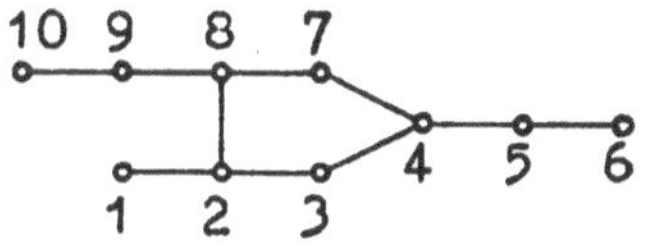

Tabelle 98 D = 13437 = 3^2.1493

-K \ W	1	2	3	4	5	6	7	8	9	10	S
1	244586	107502	77919	126256	56263	21098	7033	21433	8038	2679	672807
2		238334	107502	84171	37508	14066	4689	14289	5358	1786	615205
3			244586	126256	56263	21098	7033	21433	8038	2679	672807
4				294597	131279	49230	16410	50011	18754	6251	903215
5					281313	105492	35164	107167	40188	13396	864033
6						227060	75687	40188	15070	5023	574012
7							191896	13396	5023	1674	358005
8								231302	86738	28913	614870
9									220027	73342	480576
10										191114	326857

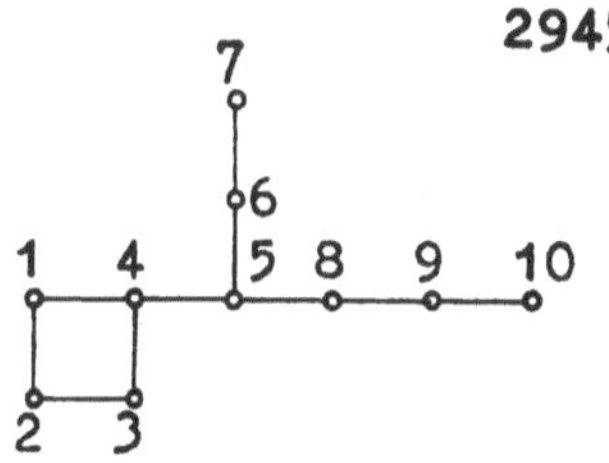

Tabelle 99 D = 13436 = 2^2.3359

-K \ W	1	2	3	4	5	6	7	8	9	10	S
1	198720	96160	44433	14811	22328	22551	45326	17267	6475	2158	470229
2		288479	133299	44433	66984	67654	135978	51801	19425	6475	910688
3			280441	93480	114543	63188	75022	28580	10717	3572	847275
4				197827	38181	21063	25007	9527	3572	1191	449092
5					238464	100848	64082	24412	9155	3052	682049
6						239357	117222	44656	16746	5582	698867
7							287586	109556	41084	13695	914558
8								232212	87079	29026	634116
9									220155	73385	487794
10										191128	329264

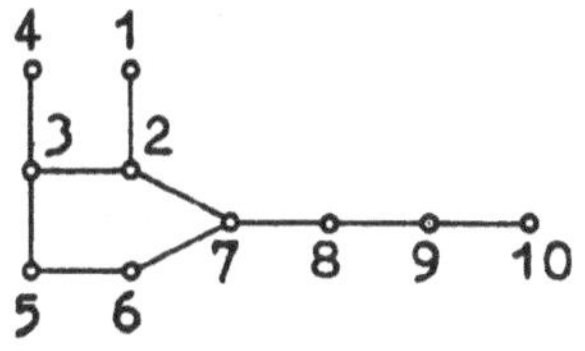

Tabelle 100 D = 13430 = 2.5.17.79

K \ W	1	2	3	4	5	6	7	8	9	10	S
1	197059	91176	38235	23529	8824	2941	2941	8824	23529	38235	435293
2		273529	114706	70588	26471	8824	8824	26471	70588	114706	805883
3			244713	119434	44788	14929	8600	25800	68801	61169	741175
4				287714	107893	35964	16977	50931	135815	68801	917646
5					227960	75987	6366	19099	50931	25800	594119
6						191996	2122	6366	16977	8600	364706
7							191996	75987	35964	14929	364706
8								227960	107893	44788	594119
9									287714	119434	917646
10										244713	741175

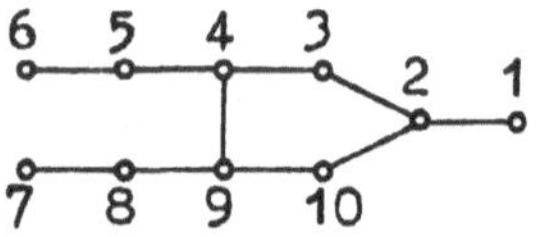

Tabelle 101 D = 13427 = 29.463

K \ W	1	2	3	4	5	6	7	8	9	10	S
1	238512	114955	38318	68035	25918	9719	3240	21077	63231	100581	683586
2		281634	93878	136069	51836	19438	6479	24912	74737	63231	867169
3			197959	45356	17279	6479	2160	8304	24912	21077	455722
4				294816	112311	42117	14039	45356	136069	68035	962203
5					233261	87473	29158	17279	51836	25918	652269
6						220302	73434	6479	19438	9719	494598
7							191145	2160	6479	3240	331534
8								197959	93878	38318	455722
9									281634	114955	867169
10										238512	683586

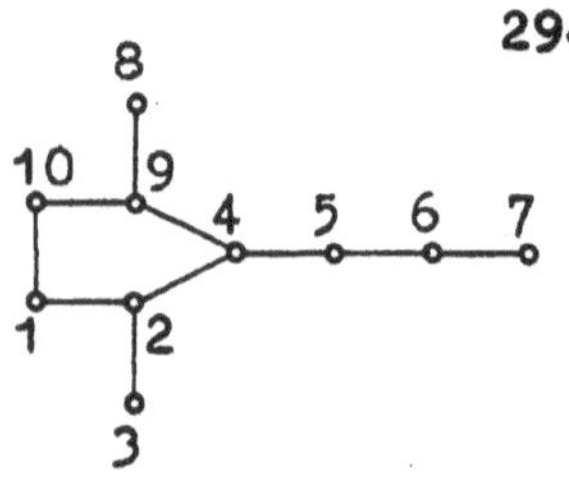

Tabelle 102 D = 13391 = 7.1913

K \ W	1	2	3	4	5	6	7	8	9	10	S
1	198828	96483	42230	30207	48391	18483	7057	2688	1008	336	445711
2		289448	126690	90621	145172	55448	21171	8065	3024	1008	837130
3			246434	112613	91405	34912	13330	5078	1904	635	675231
4				247218	129042	49287	18819	7169	2688	896	688560
5					295721	112949	43126	16429	6161	2054	890450
6						234112	89388	34053	12770	4257	645659
7							225039	85729	32148	10716	546523
8								223135	83676	27892	493914
9									218878	72959	435216
10										190986	311739

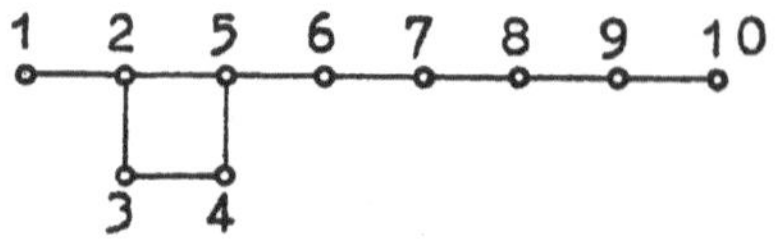

Tabelle 103 D = 13376 = $2^6.11.19$

W / -K	1	2	3	4	5	6	7	8	9	10	S
1	198864	96591	45455	17045	5682	22727	22727	5682	17045	45455	477273
2		289773	136364	51136	17045	68182	68182	17045	51136	136364	931818
3			287081	107656	35885	117225	64593	9569	28708	76555	909091
4				227871	75957	43959	24222	3589	10766	28708	590909
5					191986	14653	8074	1196	3589	9569	363636
6						239533	101376	8074	24222	64593	704544
7							239533	14653	43959	117225	704544
8								191986	75957	35885	363636
9									227871	107656	590909
10										287081	909091

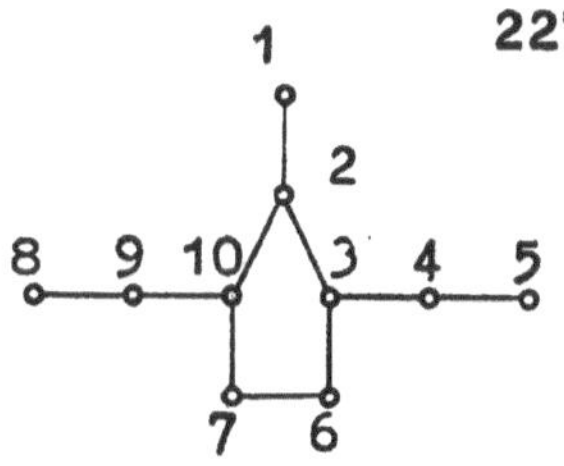

Tabelle 104 D = 13374 = $2.3^2.743$

W / -K	1	2	3	4	5	6	7	8	9	10	S
1	192014	76043	36115	16151	12337	4711	1795	673	224	16151	356214
2		228129	108345	48452	37012	14132	5384	2019	673	48452	568641
3			288919	129206	98699	37685	14356	5384	1795	129206	849710
4				252916	129542	49462	18843	7066	2355	86249	740242
5					289928	110700	42171	15814	5271	129542	871016
6						233176	88829	33311	11104	49462	632572
7							224316	84118	28039	18843	526694
8								219044	73015	7066	447510
9									191005	2355	315836
10										252916	740242

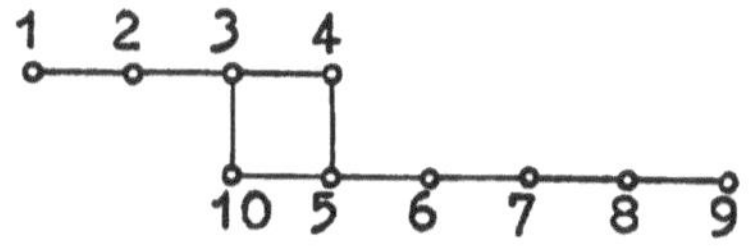

Tabelle 105 D = 13367 = P

W / -K	1	2	3	4	5	6	7	8	9	10	S
1	197988	93963	38416	21284	25436	45485	17057	5686	9538	3179	458032
2		281888	115247	63851	76307	136455	51171	17057	28615	9538	874092
3			238797	101145	64637	68527	25698	8566	24239	8080	693352
4				239583	117603	69125	25922	8641	44101	14700	705955
5					288172	138849	52069	17356	108065	36022	924516
6						295354	110758	36919	52069	17356	970897
7							229034	76345	19526	6509	614089
8								192115	6509	2170	371364
9									228024	76008	596694
10										192003	365565

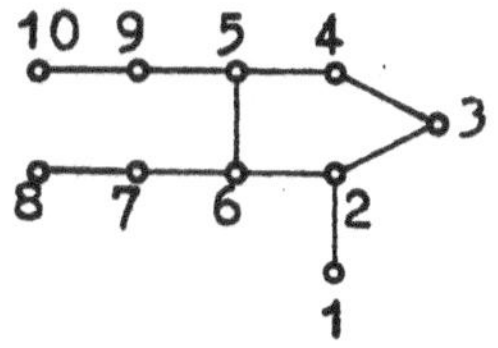

Tabelle 106 $D = 13365 = 3^5.5.11$

W / -K	1	2	3	4	5	6	7	8	9	10	S
1	191134	73401	29068	13805	6173	6173	4714	1796	673	224	327161
2		220202	87205	41414	18519	18519	14141	5387	2020	673	481481
3			232548	110438	49383	49383	37710	14366	5387	1796	617284
4				289899	129630	129630	98990	37710	14141	4714	870371
5					253086	86420	129630	49383	18519	6173	746916
6						253086	129630	49383	18519	6173	746916
7							289899	110438	41414	13805	870371
8								232548	87205	29068	617284
9									220202	73401	481481
10										191134	327161

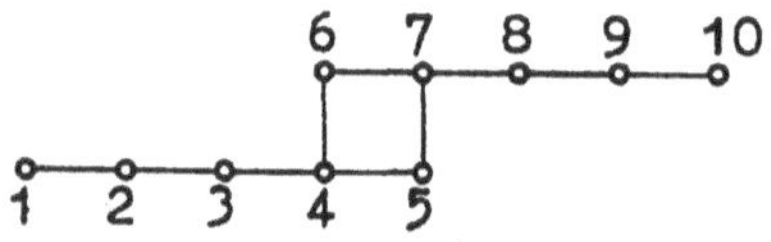

Tabelle 107 $D = 13365 = 3^5.5.11$

W / -K	1	2	3	4	5	6	7	8	9	10	S
1	197306	91919	37037	19192	6397	4714	14141	18519	41414	13805	444444
2		275758	111111	57576	19192	14141	42424	55556	124242	41414	833333
3			240741	111111	37037	18519	55556	37037	55556	18519	722224
4				275758	91919	41414	124242	55556	42424	14141	833333
5					197306	13805	41414	18519	14141	4714	444444
6						197306	91919	37037	19192	6397	444444
7							275758	111111	57576	19192	833333
8								240741	111111	37037	722224
9									275758	91919	833333
10										197306	444444

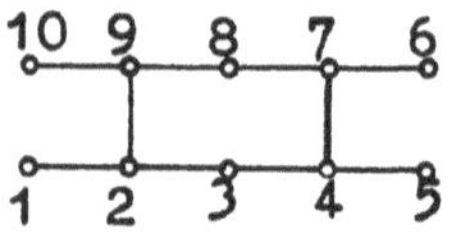

Tabelle 108 $D = 13356 = 2^2.3^2.7.53$

W / -K	1	2	3	4	5	6	7	8	9	10	S
1	196541	89622	36164	18868	6289	14151	4717	6289	18868	36164	427672
2		268868	108491	56604	18868	42453	14151	18868	56604	108491	783020
3			239892	111186	37062	56604	18868	13252	39757	49416	710692
4				276954	92318	127358	42453	20889	62668	39757	849055
5					197439	42453	14151	6963	20889	13252	449684
6						283019	94340	42453	127358	56604	886793
7							198113	14151	42453	18868	462265
8								197439	92318	37062	449684
9									276954	111186	849055
10										239892	710692

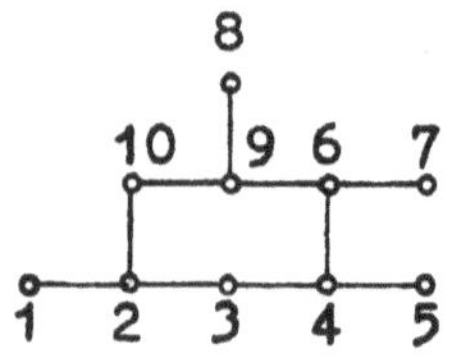

Tabelle 109 D = 13311 = $3^3 \cdot 17 \cdot 29$

K \ W	1	2	3	4	5	6	7	8	9	10	S
1	192134	76403	37075	16227	11607	18594	7099	2705	1014	338	363196
2		229209	111224	48682	34821	55781	21298	8114	3043	1014	589589
3			296597	129817	92855	148749	56795	21636	8114	2705	905567
4				247803	113590	92968	35497	13523	5071	1690	704868
5					247915	130156	49696	18932	7099	2366	709037
6						297498	113590	43272	16227	5409	922244
7							234280	89249	33469	11156	652129
8								224476	84178	28059	534144
9									219067	73022	450304
10										191007	316766

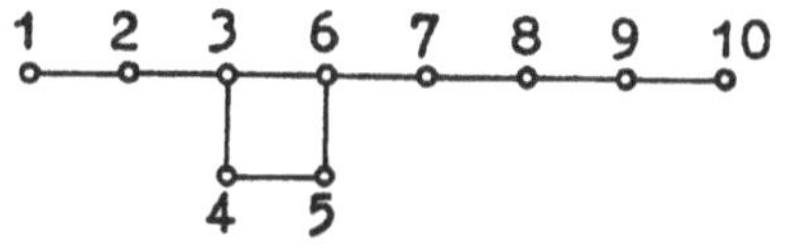

Tabelle 110 D = 13301 = 47.283

K \ W	1	2	3	4	5	6	7	8	9	10	S
1	191151	73453	29208	14172	6203	4436	7105	2707	1015	338	329788
2		220359	87625	42516	18608	13307	21314	8120	3045	1015	489362
3			233667	113375	49620	35486	56838	21653	8120	2707	638299
4				297609	130253	93151	149199	56838	21314	7105	925532
5					247989	113713	93151	35486	13307	4436	712766
6						247989	130253	49620	18608	6203	712766
7							297609	113375	42516	14172	925532
8								233667	87625	29208	638299
9									220359	73453	489362
10										191151	329788

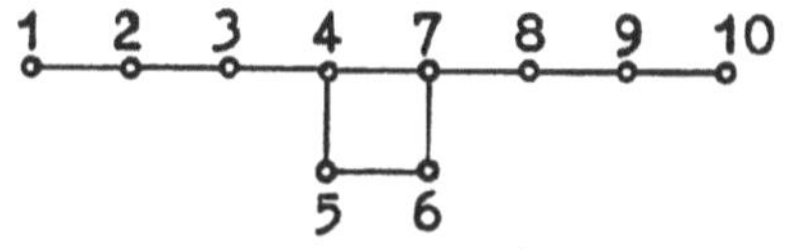

Tabelle 111 D = 13301 = 47.283

K \ W	1	2	3	4	5	6	7	8	9	10	S
1	234682	108939	36313	55823	18608	13307	39922	16878	50635	95106	670213
2		276182	92061	127547	42516	21314	63943	14322	42967	50635	840426
3			197354	42516	14172	7105	21314	4774	14322	16878	446809
4				284302	94767	43531	130592	21314	63943	39922	904257
5					198256	14510	43531	7105	21314	13307	468086
6						198256	94767	14172	42516	18608	468086
7							284302	42516	127547	55823	904257
8								197354	92061	36313	446809
9									276182	108939	840426
10										234682	670213

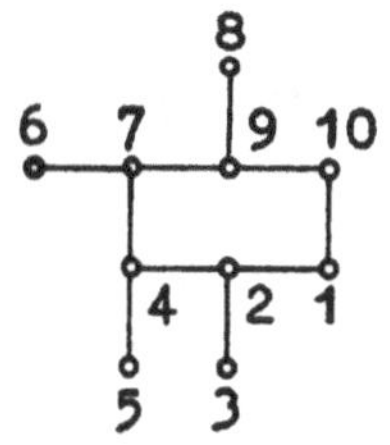

Tabelle 112 D = 13239 = $3^2 \cdot 1471$

W / -K	1	2	3	4	5	6	7	8	9	10	S
1	242919	106390	76252	122366	47927	21414	7138	9177	3059	3059	639701
2		237593	106390	81577	31951	14276	4759	6118	2039	2039	593132
3			242919	122366	47927	21414	7138	9177	3059	3059	639701
4				285520	111829	49966	16655	21414	7138	7138	825969
5					239633	107070	35690	45887	15296	15296	698506
6						271244	90415	116247	38749	38749	769544
7							196805	38749	12916	12916	423181
8								264106	88035	88035	686945
9									196012	29345	395648
10										196012	395648

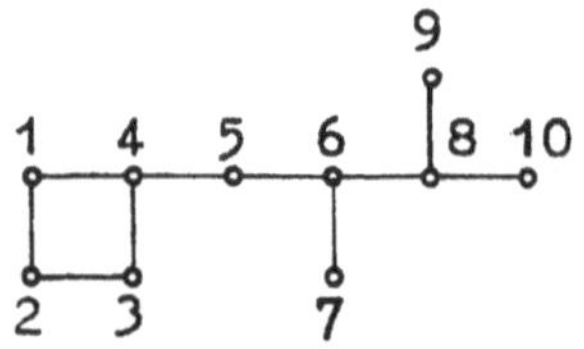

Tabelle 113 D = 13203 = $3^4 \cdot 163$

W / -K	1	2	3	4	5	6	7	8	9	10	S
1	244376	107362	77710	125767	55215	18405	21472	9202	3067	3067	665643
2		238241	107362	83845	36810	12270	14315	6135	2045	2045	610430
3			244376	125767	55215	18405	21472	9202	3067	3067	665643
4				293456	128834	42945	50102	21472	7157	7157	886502
5					276074	92025	107362	46012	15337	15337	828221
6						197342	35787	15337	5112	5112	442740
7							236196	101227	33742	33742	655417
8								257669	85890	85890	638038
9									195297	28630	379344
10										195297	379344

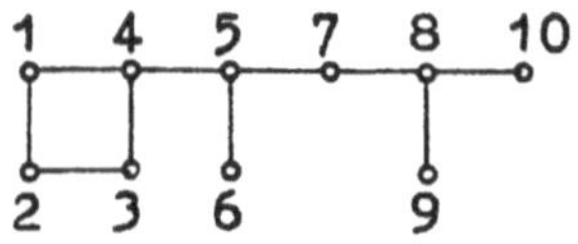

Tabelle 114 D = 13158 = $2 \cdot 3^2 \cdot 17 \cdot 43$

W / -K	1	2	3	4	5	6	7	8	9	10	S
1	198016	94049	42066	42066	32148	12312	4788	2052	684	684	428865
2		282148	126197	126197	96443	36936	14364	6156	2052	2052	786594
3			251596	84929	128591	49248	19152	8208	2736	2736	715459
4				251596	128591	49248	19152	8208	2736	2736	715459
5					289330	110807	43092	18468	6156	6156	859782
6						233926	90971	38988	12996	12996	648428
7							229822	98495	32832	32832	585500
8								256498	85499	85499	608071
9									195166	28500	369357
10										195166	369357

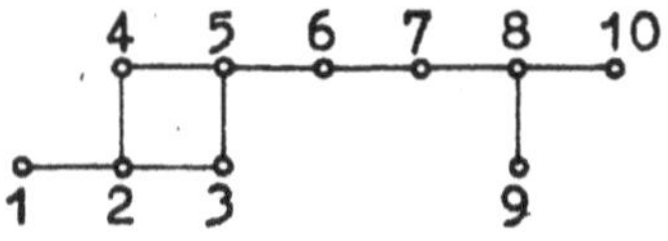

Tabelle 115 D = 13140 = $2^2 . 3^2 . 5 . 73$

-K \ W	1	2	3	4	5	6	7	8	9	10	S
1	197831	93493	39155	23973	10274	3425	3425	22489	43493	14498	452056
2		280479	117466	71918	30822	10274	10274	67466	130479	43493	856164
3			245776	119863	51370	17123	17123	62443	67466	22489	760274
4				287671	123288	41096	41096	119863	71918	23973	924659
5					267123	89041	89041	51370	30822	10274	753425
6						196347	29680	17123	10274	3425	417808
7							196347	17123	10274	3425	417808
8								245776	117466	39155	760274
9									280479	93493	856164
10										197831	452056

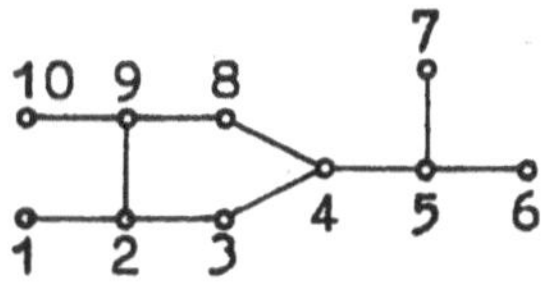

Tabelle 116 D = 13122 = $2 . 3^8$

-K \ W	1	2	3	4	5	6	7	8	9	10	S
1	245885	115226	38409	61385	68930	22977	122428	52469	17490	17490	762689
2		273663	91221	114540	69959	23320	72016	30864	10288	10288	811385
3			197074	38180	23320	7773	24005	10288	3429	3429	437128
4				244056	117627	39209	69616	29835	9945	9945	734338
5					282922	94307	136831	58642	19547	19547	891632
6						198102	45610	19547	6516	6516	463877
7							295267	126543	42181	42181	976678
8								268519	89506	89506	775719
9									196502	29835	425239
10										196502	425239

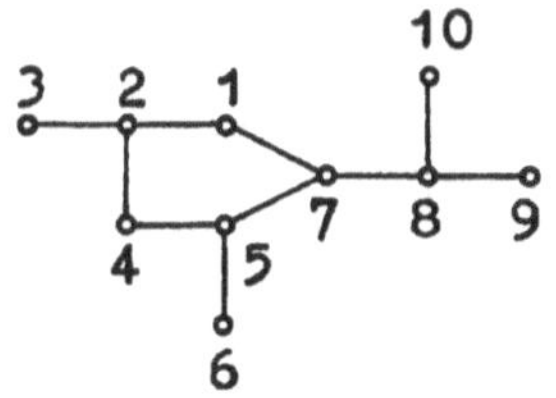

Tabelle 117 D = 13104 = $2^4 . 3^2 . 7 . 13$

-K \ W	1	2	3	4	5	6	7	8	9	10	S
1	198832	96497	42239	30220	48420	18544	7212	3091	1030	1030	447115
2		289492	126717	90659	145261	55632	21635	9272	3091	3091	841347
3			246451	112637	91461	35027	13622	5838	1946	1946	677884
4				247253	129121	49451	19231	8242	2747	2747	692308
5					295902	113324	44071	18887	6296	6296	899039
6						234890	91346	39148	13049	13049	663460
7							229968	98558	32853	32853	591349
8								256525	85508	85508	610577
9									195169	28503	370192
10										195169	370192

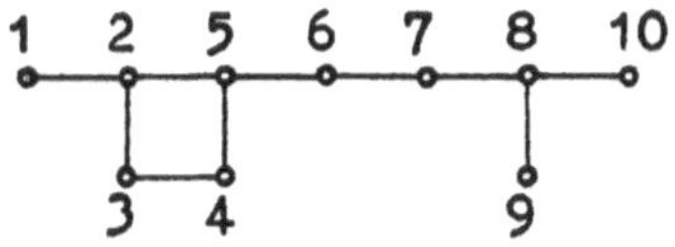

Tabelle 118 D = 13104 = $2^4.3^2.7.13$

W / -K	1	2	3	4	5	6	7	8	9	10	S
1	198031	94093	42125	42125	32280	12592	5495	1832	2060	687	431320
2		282280	126374	126374	96841	37775	16484	5495	6181	2060	793957
3			251832	85165	129121	50366	21978	7326	8242	2747	725276
4				251832	129121	50366	21978	7326	8242	2747	725276
5					290522	113324	49451	16484	18544	6181	818869
6						239240	104396	34799	39148	13049	695055
7							263736	87912	98901	32967	703298
8								195971	32967	10989	401101
9									224588	74863	513735
10										191621	337911

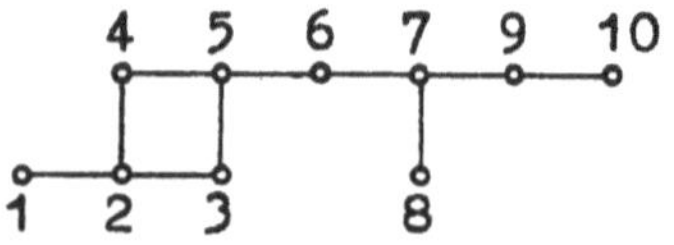

Tabelle 119 D = 13095 = $3^3.5.97$

W / -K	1	2	3	4	5	6	7	8	9	10	S
1	244674	107560	78007	126460	56701	18900	24742	8247	9278	3093	677662
2		238373	107560	84307	37801	12600	16495	5498	6186	2062	618442
3			244674	126460	56701	18900	24742	8247	9278	3093	677662
4				295074	132302	44101	57732	19244	21649	7216	914545
5					283505	94502	123711	41237	46392	15464	888316
6						198167	41237	13746	15464	5155	462772
7							272165	90722	102062	34021	787629
8								196907	34021	11340	429209
9									225773	75258	545361
10										191753	348455

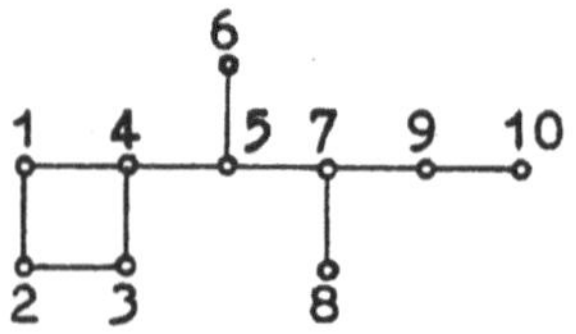

Tabelle 120 D = 13077 = $3^2.1453$

W / -K	1	2	3	4	5	6	7	8	9	10	S
1	192017	76050	36132	16173	16173	12388	4818	2065	688	688	357192
2		228149	108396	48520	48520	37165	14453	6194	2065	2065	571577
3			289057	129387	129387	99105	38541	16518	5506	5506	857535
4				253154	86488	130076	50585	21679	7226	7226	750514
5					253154	130076	50585	21679	7226	7226	750514
6						291122	113215	48520	16173	16173	894013
7							238472	102202	34067	34067	681005
8								258087	86029	86029	649002
9									195343	28676	382999
10										195343	382999

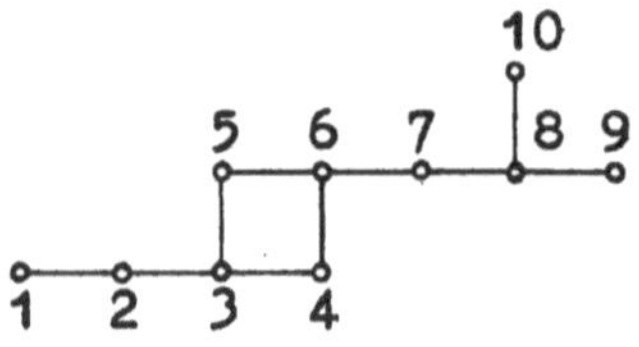

Tabelle 121 D = 13077 = $3^2 \cdot 1453$

K \ W	1	2	3	4	5	6	7	8	9	10	S
1	238472	107708	107708	84652	38541	14453	4818	16518	5506	5506	623882
2		244896	78229	126979	57811	21679	7226	24776	8259	8259	685822
3			244896	126979	57811	21679	7226	24776	8259	8259	685822
4				296284	134893	50585	16862	57811	19270	19270	933585
5					289057	108396	36132	123882	41294	41294	929111
6						228149	76050	46456	15485	15485	598417
7							192017	15485	5162	5162	366140
8								267378	89126	89126	755334
9									196375	29709	418445
10										196375	418445

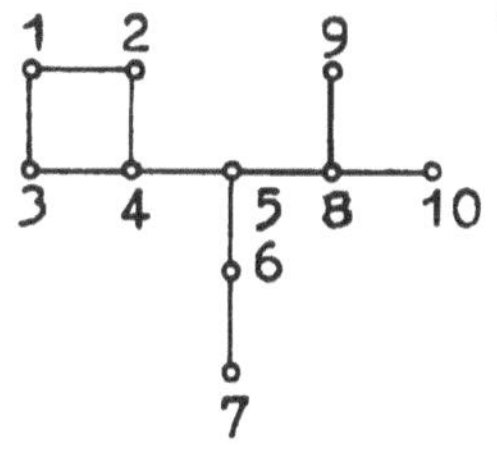

Tabelle 122 D = 13068 = $2^2 \cdot 3^3 \cdot 11^2$

K \ W	1	2	3	4	5	6	7	8	9	10	S
1	240702	101584	64050	21350	69215	23072	120523	51653	17218	17218	726585
2		238866	115014	38338	67837	22612	65886	28236	9412	9412	697197
3			280992	93664	134298	44766	77135	33058	11019	11019	865015
4				197888	44766	14922	25712	11019	3673	3673	455005
5					290289	96763	118113	50620	16873	16873	905647
6						198921	39371	16873	5624	5624	468548
7							295684	126722	42241	42241	953628
8								268595	89532	89532	765840
9									196511	29844	421947
10										196511	421947

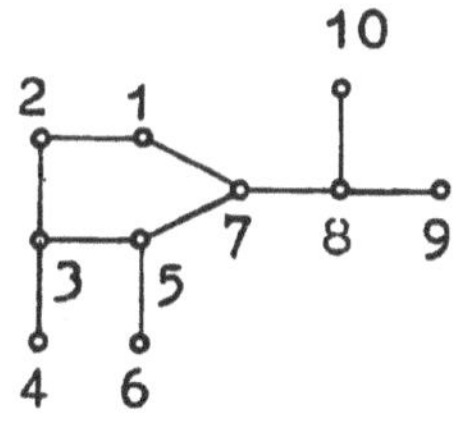

Tabelle 123 D = 13050 = $2 \cdot 3^2 \cdot 5^2 \cdot 29$

K \ W	1	2	3	4	5	6	7	8	9	10	S
1	238966	115862	38621	70000	30000	10000	10000	21379	64138	101034	700000
2		283448	94483	140000	60000	20000	20000	25517	76552	64138	900000
3			198161	46667	20000	6667	6667	8506	25517	21379	466668
4				303333	130000	43333	43333	46667	140000	70000	1033333
5					270000	90000	90000	20000	60000	30000	800000
6						196667	30000	6667	20000	10000	433334
7							196667	6667	20000	10000	433334
8								198161	94483	38621	466668
9									283448	115862	900000
10										238966	700000

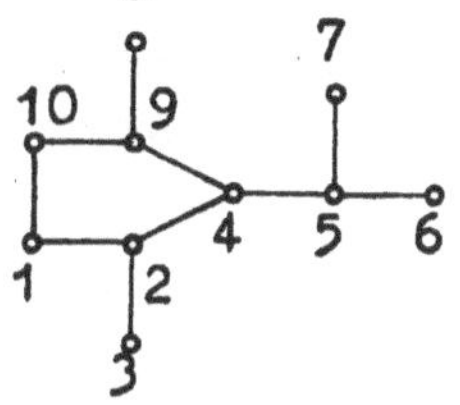

Tabelle 124 D = 13049 = P

-K \ W	1	2	3	4	5	6	7	8	9	10	S
1	198866	96597	42302	30309	48624	18967	8276	2759	3104	1035	450839
2		289792	126906	90927	145873	56901	24829	8276	9311	3104	852516
3			246571	112806	91846	35826	15633	5211	5863	1954	684918
4				247490	129665	50579	22071	7357	8276	2759	702239
5					297149	115909	50579	16860	18967	6322	921794
6						240248	104836	34945	39313	13104	710628
7							263928	87976	98973	32991	710092
8								195992	32991	10997	403364
9									224615	74872	516285
10										191624	338762

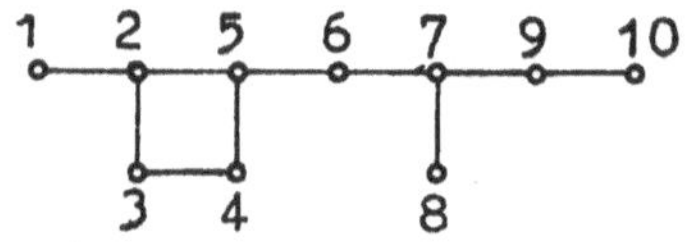

Tabelle 125 D = 13014 = $2.3^3.241$

-K \ W	1	2	3	4	5	6	7	8	9	10	S
1	198133	94398	42531	42531	33195	14523	4841	5533	2075	692	438452
2		283195	127593	127593	99585	43568	14523	16598	6224	2075	815352
3			253458	86791	132780	58091	19364	22130	8299	2766	753803
4				253458	132780	58091	19364	22130	8299	2766	753803
5					298755	130705	43568	49793	18672	6224	946057
6						275934	91978	105118	39419	13140	830567
7							197326	35039	13140	4380	443523
8								230521	86445	28815	602122
9									219917	73306	475796
10										191102	326266

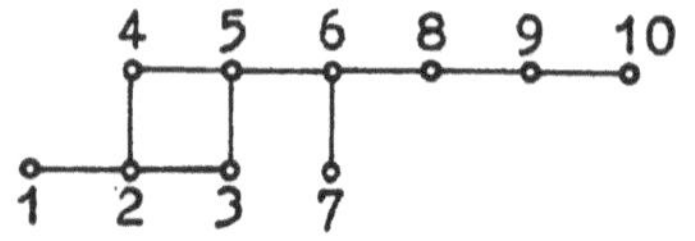

Tabelle 126 D = 13014 = $2.3^3.241$

-K \ W	1	2	3	4	5	6	7	8	9	10	S
1	192139	76418	37114	16252	11641	18672	7261	3112	1037	1037	364683
2		229253	111342	48755	34924	56017	21784	9336	3112	3112	594053
3			296912	130014	93130	149378	58091	24896	8299	8299	917475
4				247925	113762	93361	36307	15560	5187	5187	712310
5					248156	130705	50830	21784	7261	7261	719454
6						298755	116183	49793	16598	16598	946060
7							239627	102697	34232	34232	701244
8								258299	86100	86100	657677
9									195367	28699	385892
10										195367	385892

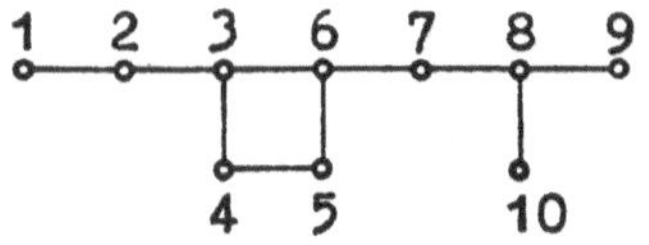

Tabelle 127 $D = 12996 = 2^2.3^2.19^2$

W / -K	1	2	3	4	5	6	7	8	9	10	S
1	191136	73407	29086	13850	6233	6233	4848	2078	693	693	328257
2		220222	87258	41551	18698	18698	14543	6233	2078	2078	484766
3			232687	110803	49861	49861	38781	16620	5540	5540	626037
4				290859	130886	130886	101801	43629	14543	14543	893351
5					254732	88066	133310	57133	19044	19044	777007
6						254732	133310	57133	19044	19044	777007
7							298130	127770	42590	42590	937643
8								269044	89681	89681	759002
9									196560	29894	419667
10										196560	419667

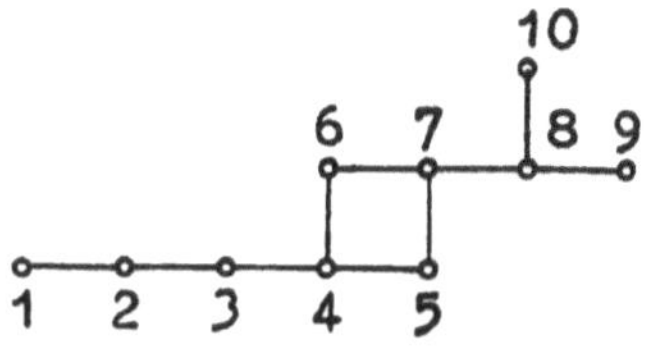

Tabelle 128 $D = 12960 = 2^5.3^4.5$

W / -K	1	2	3	4	5	6	7	8	9	10	S
1	198148	94444	42593	42593	33333	14815	5556	1852	5556	1852	440742
2		283333	127778	127778	100000	44444	16667	5556	16667	5556	822223
3			253704	87037	133333	59259	22222	7407	22222	7407	762962
4				253704	133333	59259	22222	7407	22222	7407	762962
5					300000	133333	50000	16667	50000	16667	966666
6						281481	105556	35185	105556	35185	874073
7							227083	75694	39583	13194	577777
8								191898	13194	4398	359258
9									227083	75694	577777
10										191898	359258

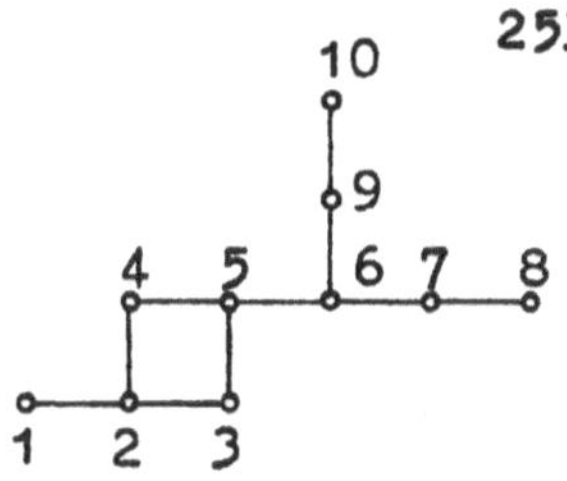

Tabelle 129 $D = 12959 = P$

W / -K	1	2	3	4	5	6	7	8	9	10	S
1	247241	119801	39935	72228	24076	72807	24269	121923	45721	15240	783241
2		283471	94490	136121	45374	79520	26507	75932	28474	9491	899181
3			198163	45374	15125	26507	8836	25311	9491	3164	466396
4				290763	96921	139247	46416	80562	30211	10070	947913
5					198974	46416	15472	26854	10070	3357	482639
6						291805	97268	138900	52087	17362	961919
7							199089	46300	17362	5787	487306
8								289837	108689	36230	950538
9									228258	76086	606449
10										192029	368816

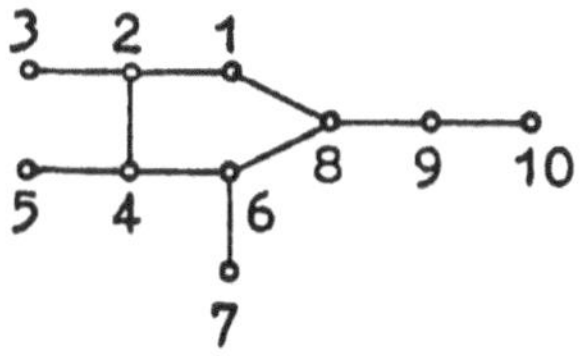

Tabelle 130 D = 12951 = $3^2 \cdot 1439$

W / -K	1	2	3	4	5	6	7	8	9	10	S
1	198285	94858	39958	25017	8339	26755	8918	46328	17373	5791	471622
2		284573	119875	75052	25017	80264	26755	138985	52120	17373	914872
3			246467	119527	39842	72272	24091	73199	27450	9150	771831
4				283530	94510	136553	45518	80612	30229	10076	900624
5					198170	45518	15173	26871	10076	3359	466875
6						291869	97290	141765	53162	17721	963169
7							199097	47255	17721	5907	487725
8								297429	111536	37179	1001159
9									229326	76442	625435
10										192147	375145

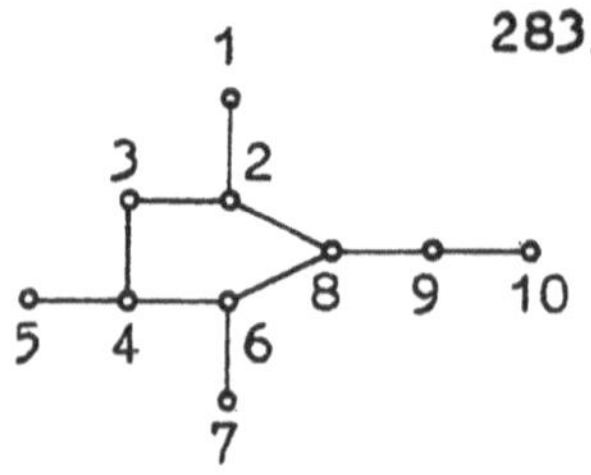

Tabelle 131 D = 12951 = $3^2 \cdot 1439$

W / -K	1	2	3	4	5	6	7	8	9	10	S
1	199097	97290	42738	30924	50035	21890	7297	8339	3127	1042	461779
2		291869	128214	92773	150104	65671	21890	25017	9382	3127	885337
3			247394	113968	94510	41348	13783	15752	5907	1969	705583
4				249131	133426	58374	19458	22238	8339	2780	731411
5					305768	133773	44591	50961	19110	6370	988648
6						277276	92425	105629	39611	13204	849201
7							197475	35210	13204	4401	449734
8								230716	86518	28839	609219
9									219944	73315	478457
10										191105	326152

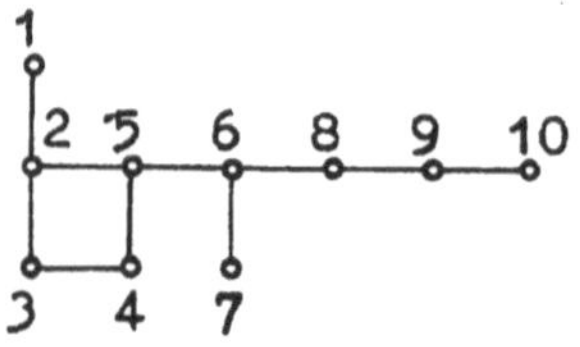

Tabelle 132 D = 12951 = $3^2 \cdot 1439$

W / -K	1	2	3	4	5	6	7	8	9	10	S
1	192031	76095	36252	16331	16331	12740	5559	1853	2085	695	359972
2		228284	108756	48992	48992	38221	16678	5559	6254	2085	579916
3			290016	130646	130646	101923	44475	14825	16678	5559	879776
4				254807	88140	133773	58374	19458	21890	7297	779708
5					254807	133773	58374	19458	21890	7297	779708
6						299398	130646	43549	48992	16331	959346
7							275191	91730	103197	34399	818623
8								197243	34399	11466	439540
9									226199	75400	556984
10										191800	352329

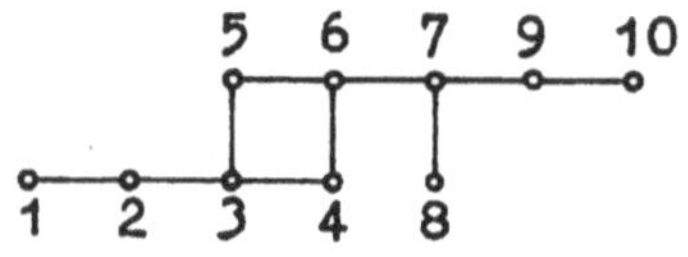

Tabelle 133 D = 12924 = $2^2.3^2.359$

-K \ W	1	2	3	4	5	6	7	8	9	10	S
1	191156	73468	29247	14276	6267	4526	7312	3134	1045	1045	331476
2		220404	87744	42827	18802	13579	21936	9401	3134	3134	494429
3			233983	114206	50139	36212	58496	25070	8357	8357	651811
4				299791	131615	95056	153552	65808	21936	21936	961004
5					248839	114903	95868	41086	13695	13695	734910
6						249652	134053	57451	19150	19150	743732
7							306291	131267	43756	43756	996287
8								270543	90181	90181	784122
9									196727	30060	428041
10										196727	428041

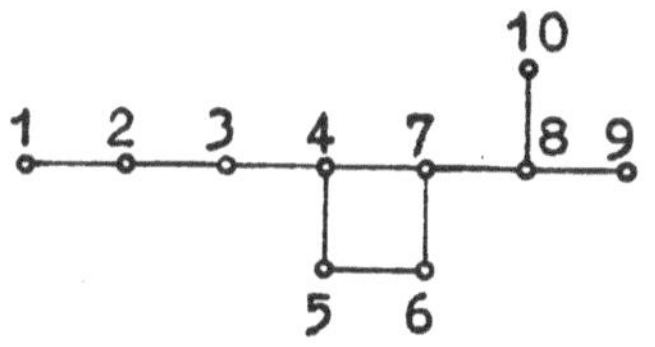

Tabelle 134 D = 12896 = $2^5.13.31$

-K \ W	1	2	3	4	5	6	7	8	9	10	S
1	199132	97395	42804	31017	50248	22333	8375	2792	8375	2792	465263
2		292184	128412	93052	150744	66998	25124	8375	25124	8375	895783
3			247519	114144	94913	42184	15819	5273	15819	5273	712160
4				249380	133995	59553	22333	7444	22333	7444	740695
5					307072	136476	51179	17060	51179	17060	1009926
6						282878	106079	35360	106079	35360	893300
7							227280	75760	39780	13260	584989
8								191920	13260	4420	361664
9									227280	75760	584989
10										191920	361664

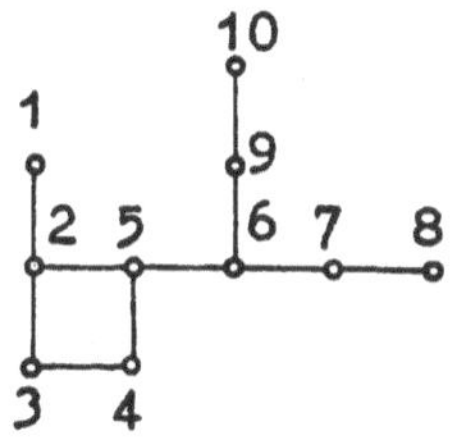

Tabelle 135 D = 12879 = $3^5.53$

-K \ W	1	2	3	4	5	6	7	8	9	10	S
1	192173	76520	37386	16422	11880	19217	8386	2795	3145	1048	368972
2		229560	112159	49266	35639	57652	25157	8386	9434	3145	606918
3			299092	131377	95038	153739	67086	22362	25157	8386	951782
4				248777	114955	96087	41929	13976	15723	5241	733753
5					249825	134521	58700	19567	22013	7338	749476
6						307477	134172	44724	50314	16771	1014674
7							276730	92243	103774	34591	842768
8								197414	34591	11530	447588
9									226415	75472	566038
10										191824	355346

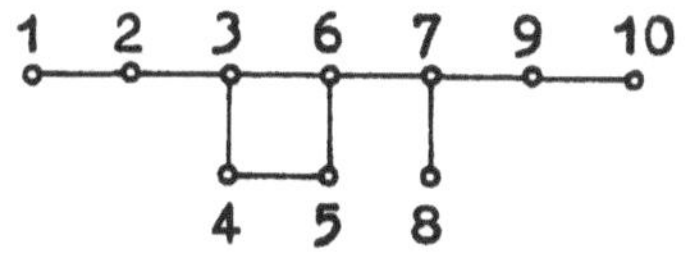

Tabelle 136 $D = 12824 = 2^3.7.229$

K \ W	1	2	3	4	5	6	7	8	9	10	S
1	200250	100749	50530	16843	33999	51466	19651	7486	2807	936	484717
2		302246	151591	50530	101996	154398	58952	22458	8422	2807	954149
3			294877	98292	134747	109365	41758	15908	5965	1988	905021
4				199431	44916	36455	13919	5303	1988	663	468340
5					257330	137243	52402	19963	7486	2495	792577
6						302363	115448	43980	16493	5498	972709
7							234989	89520	33570	11190	671399
8								224579	84217	28072	541486
9									219081	73027	453056
10										191009	317685

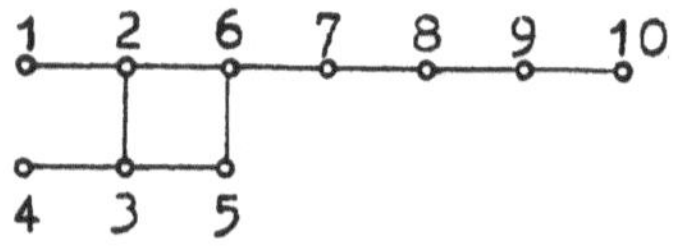

Tabelle 137 $D = 12816 = 2^4.3^2.89$

K \ W	1	2	3	4	5	6	7	8	9	10	S
1	199555	98666	44944	36166	12055	51498	19663	7491	2809	936	473783
2		295997	134831	108497	36166	154494	58989	22472	8427	2809	921348
3			256554	134831	44944	102996	39326	14981	5618	1873	780898
4				295997	98666	154494	58989	22472	8427	2809	921348
5					199555	51498	19663	7491	2809	936	473783
6						308989	117978	44944	16854	5618	1009363
7							235955	89888	33708	11236	685395
8								224719	84270	28090	546818
9									219101	73034	455057
10										191011	318352

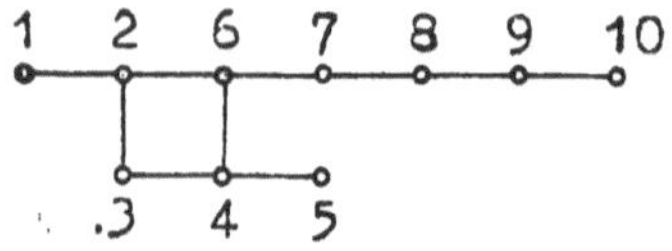

Tabelle 138 D = 12743 = P

K \ W	1	2	3	4	5	6	7	8	9	10	S
1	258848	138115	51793	17264	103704	34568	138429	52735	19776	6592	821824
2		302284	113356	37785	155379	51793	112062	42690	16009	5336	974809
3			230009	76670	58267	19422	42023	16009	6003	2001	615553
4				192223	19422	6474	14008	5336	2001	667	371850
5					304167	101389	155733	59326	22248	7416	981051
6						200463	51911	19776	7416	2472	495684
7							303225	115514	43318	14439	990662
8								234482	87931	29310	663109
9									220474	73491	498667
10										191164	332888

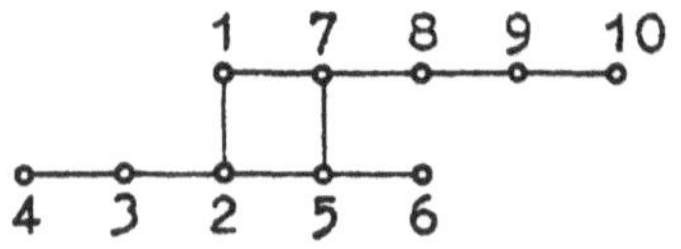

Tabelle 139 D = 12735 = $3^2.5.283$

W / -K	1	2	3	4	5	6	7	8	9	10	S
1	191166	73498	29329	14488	6596	5300	7538	2827	942	1767	333451
2		220495	87986	43463	19788	15901	22615	8481	2827	5300	500354
3			234629	115901	52768	42403	60306	22615	7538	14134	667609
4				304240	138516	111307	158304	59364	19788	37102	1002473
5					258186	136042	104594	39223	13074	45347	814134
6						296820	155477	58304	19435	98940	939929
7							310012	116254	38751	51826	1025677
8								231095	77032	19435	634630
9									192344	6478	378209
10										199647	479976

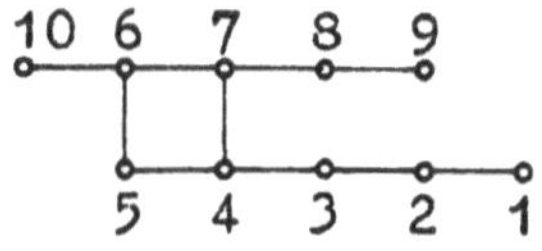

Tabelle 140 D = 12734 = 2.6367

W / -K	1	2	3	4	5	6	7	8	9	10	S
1	192241	76724	37930	17277	13900	4633	19790	7539	2827	942	373803
2		230171	113790	51830	41699	13900	59369	22617	8481	2827	621408
3			303440	138213	111198	37066	158316	60311	22617	7539	990420
4				258089	136053	45351	104720	39893	14960	4987	811373
5					296961	98987	155843	59369	22263	7421	943694
6						199662	51948	19790	7421	2474	481232
7							310861	118423	44409	14803	1038482
8								235590	88346	29449	681327
9									220630	73543	505497
10										191181	335165

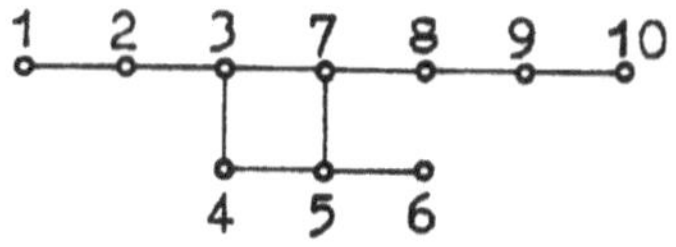

Tabelle 141 D = 12672 = $2^7.3^2.11$

W / -K	1	2	3	4	5	6	7	8	9	10	S
1	198153	94460	42614	33381	42614	14915	6392	2131	2131	4972	441763
2		283381	127841	100142	127841	44744	19176	6392	6392	14915	825284
3			253788	133523	87121	59659	25568	8523	8523	19886	767046
4				300426	133523	134233	57528	19176	19176	44744	975852
5					253788	59659	25568	8523	8523	19886	767046
6						283381	121449	40483	40483	94460	893466
7							266335	88778	88778	40483	740055
8								196259	29593	13494	413352
9									196259	13494	413352
10										198153	464487

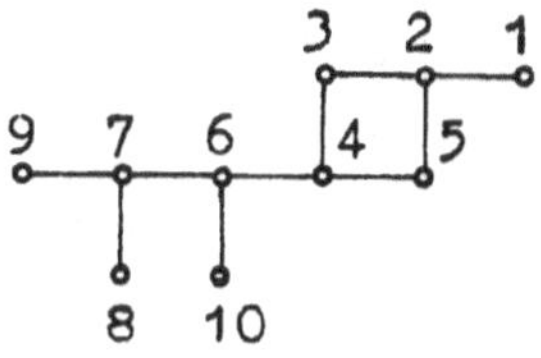

Tabelle 142 D = 12663 = $3^3.7.67$

W / -K	1	2	3	4	5	6	7	8	9	10	S
1	192253	76759	38024	17413	14215	5330	1777	19900	7463	2488	375622
2		230277	114072	52239	42644	15991	5330	59701	22388	7463	626864
3			304193	139303	113717	42644	14215	159204	59701	19900	1004973
4				259536	139303	52239	17413	106136	39801	13267	836650
5					304193	114072	38024	159204	59701	19900	1004973
6						230277	76759	59701	22388	7463	626864
7							192253	19900	7463	2488	375622
8								311774	116915	38972	1051407
9									231343	77114	644277
10										192371	381426

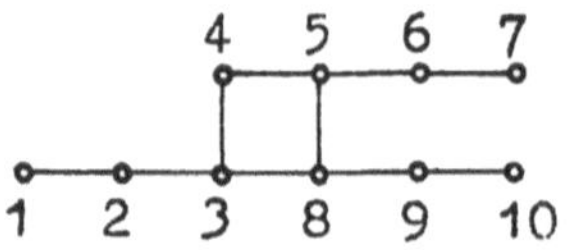

Tabelle 143 D = 12636 = $2^2.3^5.13$

W / -K	1	2	3	4	5	6	7	8	9	10	S
1	196581	29915	89744	42735	19231	19231	14957	6410	2137	2137	423078
2		196581	89744	42735	19231	19231	14957	6410	2137	2137	423078
3			269231	128205	57692	57692	44872	19231	6410	6410	769231
4				299145	134615	134615	104701	44872	14957	14957	961537
5					256410	89744	134615	57692	19231	19231	807692
6						256410	134615	57692	19231	19231	807692
7							299145	128205	42735	42735	961537
8								269231	89744	89744	769231
9									196581	29915	423078
10										196581	423078

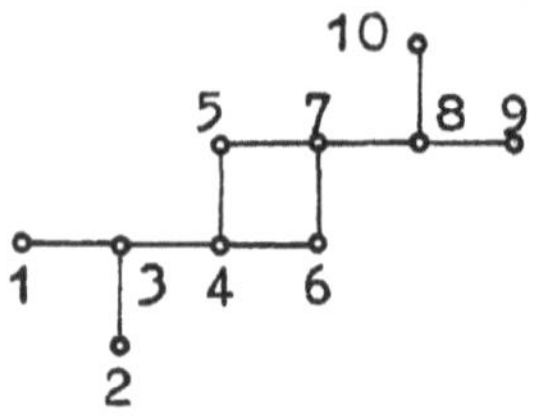

Tabelle 144 D = 12609 = $3^3.467$

W / -K	1	2	3	4	5	6	7	8	9	10	S
1	199143	97430	42827	31049	50321	22484	7495	9636	3212	3212	466809
2		292291	128480	93148	150964	67452	22484	28908	9636	9636	900429
3			247561	114204	95051	42470	14157	18201	6067	6067	715085
4				249465	134190	59957	19986	25696	8565	8565	744825
5					307518	137402	45801	58887	19629	19629	1019392
6						284797	94932	122056	40685	40685	912920
7							198311	40685	13562	13562	470975
8								266595	88865	88865	748394
9									196288	29622	416131
10										196288	416131

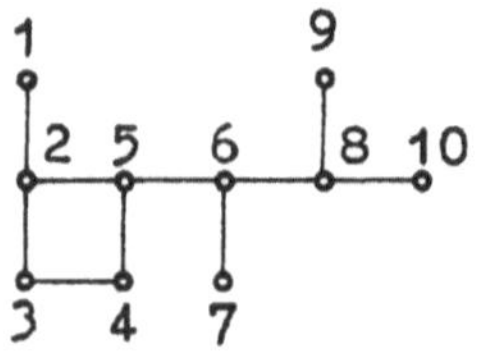

Tabelle 145 D = 12555 = $3^4.5.31$

K \ W	1	2	3	4	5	6	7	8	9	10	S
1	196774	30108	90323	44086	19355	13978	22581	9677	3226	3226	433334
2		196774	90323	44086	19355	13978	22581	9677	3226	3226	433334
3			270968	132258	58065	41935	67742	29033	9677	9677	800001
4				308602	135484	97849	158065	67742	22581	22581	1033334
5					250538	116129	97849	41935	13978	13978	766666
6						250538	135484	58065	19355	19355	766666
7							308602	132258	44086	44086	1033334
8								270968	90323	90323	800001
9									196774	30108	433334
10										196774	433334

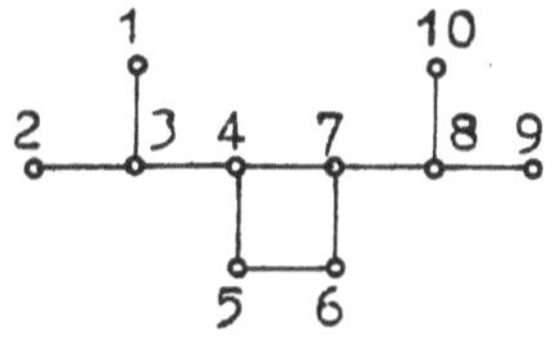

Tabelle 146 D = 12537 = $3^2.7.199$

K \ W	1	2	3	4	5	6	7	8	9	10	S
1	200287	100861	50610	16870	34099	51687	20101	8615	2872	2872	488874
2		302584	151831	50610	102297	155061	60302	25844	8615	8615	966620
3			295047	98349	134961	109835	42714	18306	6102	6102	913857
4				199450	44987	36612	14238	6102	2034	2034	471286
5					257598	137832	53601	22972	7657	7657	803661
6						303661	118090	50610	16870	16870	997128
7							240369	103015	34338	34338	721106
8								258435	86145	86145	666189
9									195382	28715	388730
10										195382	388730

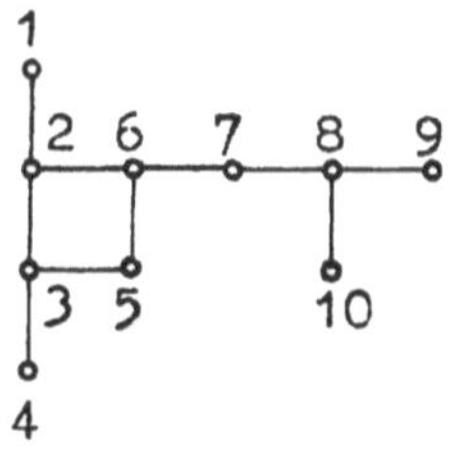

Tabelle 147 D = 12528 = $2^4.3^3.29$

K \ W	1	2	3	4	5	6	7	8	9	10	S
1	199593	98779	45019	36279	12093	51724	20115	8621	2874	2874	477971
2		296336	135057	108836	36279	155172	60345	25862	8621	8621	933908
3			256705	135057	45019	103448	40230	17241	5747	5747	789270
4				296336	98779	155172	60345	25862	8621	8621	933908
5					199593	51724	20115	8621	2874	2874	477371
6						310345	120690	51724	17241	17241	1034481
7							241379	103448	34483	34483	735633
8								258621	86207	86207	672414
9									195402	28736	390806
10										195402	390806

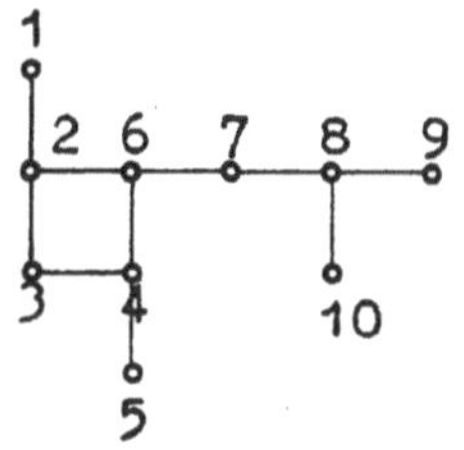

Tabelle 148 D = 12482 = 2.79^2

W / -K	1	2	3	4	5	6	7	8	9	10	S
1	199367	98101	15823	47468	9494	28481	9494	28481	15823	47468	500000
2		294304	47468	142405	28481	85443	28481	85443	47468	142405	999999
3			199367	98101	15823	47468	9494	28481	9494	28481	500000
4				294304	47468	142405	28481	85443	28481	85443	999999
5					199367	98101	15823	47468	9494	28481	500000
6						294304	47468	142405	28481	85443	999999
7							199367	98101	15823	47468	500000
8								294304	47468	142405	999999
9									199367	98101	500000
10										294304	999999

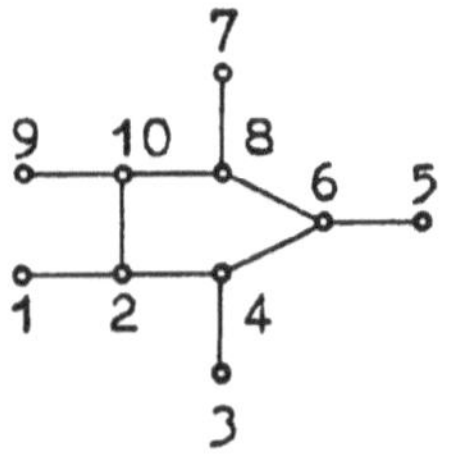

Tabelle 149 D = 12401 = P

W / -K	1	2	3	4	5	6	7	8	9	10	S
1	200548	101645	51165	17055	34796	53222	23224	7741	8709	2903	501008
2		304935	153496	51165	104387	159664	69672	23224	26127	8709	1003024
3			296226	98742	136441	113096	49351	16450	18507	6169	939643
4				199581	45480	37699	16450	5483	6169	2056	479880
5					259455	141924	61930	20643	23224	7741	836021
6						312676	136441	45480	51165	17055	1068422
7							277720	92573	104144	34715	866220
8								197524	34715	11572	455405
9									226554	75518	574832
10										191839	358277

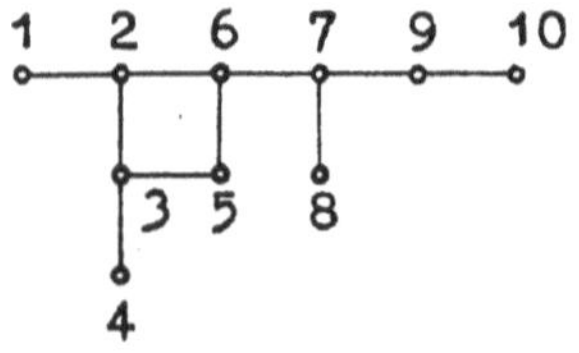

Tabelle 150 D = 12384 = $2^5.3^2.43$

W / -K	1	2	3	4	5	6	7	8	9	10	S
1	199855	99564	45543	37064	12355	53295	23256	7752	8721	2907	490312
2		298692	136628	111192	37064	159884	69767	23256	26163	8721	970931
3			257752	136628	45543	106589	46512	15504	17442	5814	813955
4				298692	99564	159884	69767	23256	26163	8721	970931
5					199855	53295	23256	7752	8721	2907	490312
6						319767	139535	46512	52326	17442	1108529
7							279070	93023	104651	34884	883721
8								197674	34884	11628	461241
9									226744	75581	581396
10										191860	360465

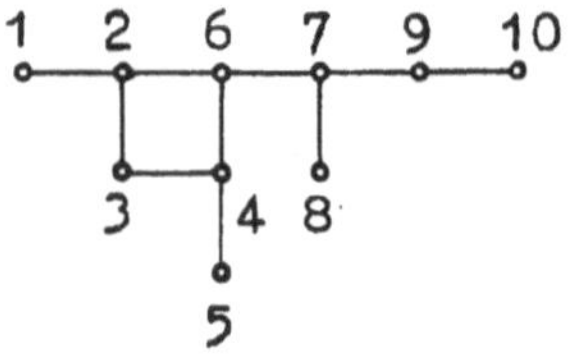

Tabelle 151 D = 12375 = $3^2.5^3.11$

W / -K	1	2	3	4	5	6	7	8	9	10	S
1	200727	102182	52364	19636	6545	35273	53455	22909	7636	7636	508363
2		306545	157091	58909	19636	105818	160364	68727	22909	22909	1025090
3			303515	113818	37939	139636	115394	49455	16485	16485	1002182
4				230182	76727	52364	43273	18545	6182	6182	625818
5					192242	17455	14424	6182	2061	2061	375272
6						260727	142545	61091	20364	20364	855637
7							312242	133818	44606	44606	1064727
8								271636	90545	90545	813453
9									196848	30182	437818
10										196848	437818

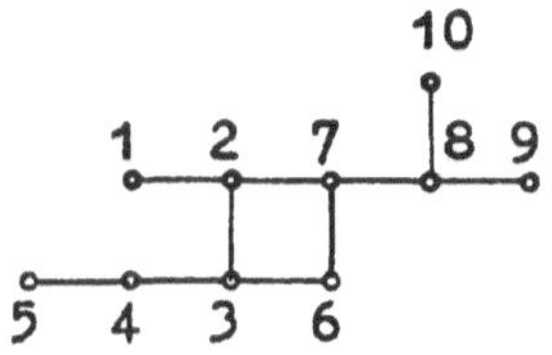

Tabelle 152 D = 12366 = $2.3^3.229$

W / -K	1	2	3	4	5	6	7	8	9	10	S
1	192382	77147	39059	19651	6550	13343	20378	8734	2911	2911	383066
2		231441	117176	58952	19651	40029	61135	26201	8734	8734	649200
3			312470	157205	52402	106744	163028	69869	23290	23290	1064533
4				298035	99345	137555	114629	49127	16376	16376	967251
5					199782	45852	38210	16376	5459	5459	489086
6						260068	142649	61135	20378	20378	848131
7							313319	134279	44760	44760	1077147
8								271834	90611	90611	818777
9									196870	30204	439593
10										196870	439593

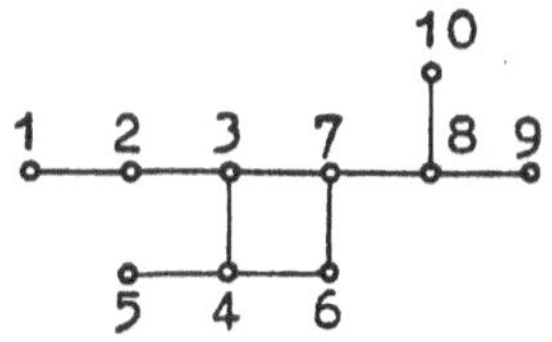

Tabelle 153 D = 12357 = $3^2.1373$

W / -K	1	2	3	4	5	6	7	8	9	10	S
1	192280	76839	38237	17480	14202	4734	20393	8740	2913	2913	378731
2		230517	114712	52440	42607	14202	61180	26220	8740	8740	636197
3			305899	139840	113620	37873	163146	69920	23307	23307	1029861
4				259165	137655	45885	107915	46249	15416	15416	837461
5					299345	99782	160597	68827	22942	22942	982519
6						199927	53532	22942	7647	7647	494171
7							320345	137291	45764	45764	1115927
8								273125	91042	91042	835398
9									197014	30347	445132
10										197014	445132

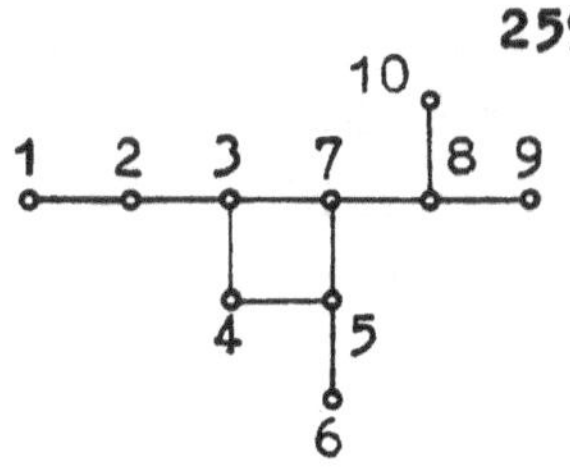

Tabelle 154 D = 12176 = $2^4.761$

K \ W	1	2	3	4	5	6	7	8	9	10	S
1	201174	103523	54205	18068	41023	13674	55191	21025	7884	2628	518395
2		310570	162615	54205	123070	41023	165572	63075	23653	7884	1055190
3			309461	103154	162615	54205	124179	47306	17740	5913	1041393
4				201051	54205	18068	41393	15769	5913	1971	513797
5					310570	103523	165572	63075	23653	7884	1055190
6						201174	55191	21025	7884	2628	518395
7							317346	120894	45335	15112	1105785
8								236531	88699	29566	706965
9									220762	73587	515110
10										191196	338369

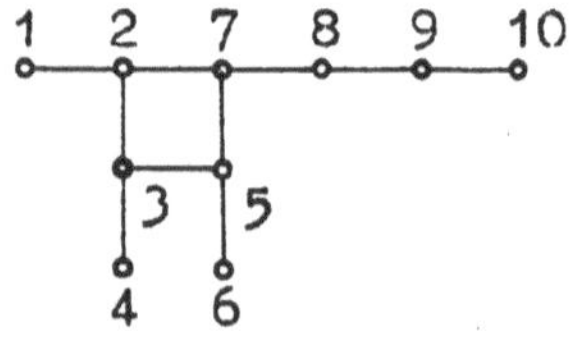

Tabelle 155 D = 12096 = $2^6.3^3.7$

K \ W	1	2	3	4	5	6	7	8	9	10	S
1	192460	77381	39683	20833	6944	20833	6944	15873	5952	1984	3888887
2		232143	119048	62500	20833	62500	20833	47619	17857	5952	666666
3			317460	166667	55556	166667	55556	126984	47619	15873	111113
4				312500	104167	125000	41667	166667	62500	20833	1083334
5					201389	41667	13889	55556	20833	6944	527778
6						312500	104167	166667	62500	20833	1083334
7							201389	55556	20833	6944	527778
8								317460	119048	39683	111113
9									232143	77381	666666
10										192460	388887

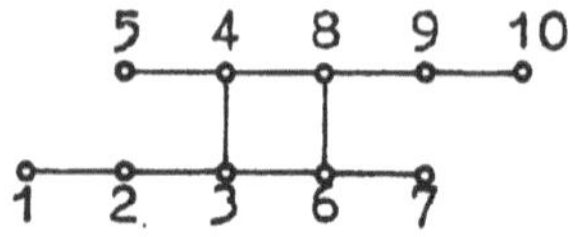

Tabelle 156 D = 12095 = 5.41.59

K \ W	1	2	3	4	5	6	7	8	9	10	S
1	201282	103845	55560	20835	6945	5291	15874	42332	54692	18231	524887
2		311534	166680	62505	20835	15874	47623	126995	164076	54692	1074659
3			318479	119430	39810	21166	63497	169326	126995	42332	1123275
4				232286	77429	7937	23811	63497	47623	15874	671227
5					192476	2646	7937	21166	15874	5291	390409
6						192476	77429	39810	20835	6945	390409
7							232286	119430	62505	20835	671227
8								318479	166680	55560	1123275
9									311534	103845	1074659
10										201282	524887

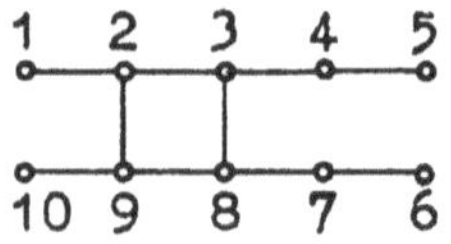

Tabelle 157 $D = 11880 = 2^3.3^3.5.11$

-K \ W	1	2	3	4	5	6	7	8	9	10	S
1	227146	89520	91919	41414	48611	34722	19192	14141	8965	7702	583332
2		227146	41414	91919	34722	48611	14141	19192	7702	8965	583332
3			234343	32323	111111	55556	43434	23232	19192	14141	666665
4				234343	55556	111111	23232	43434	14141	19192	666665
5					284722	131944	111111	55556	48611	34722	916666
6						284722	55556	111111	34722	48611	916666
7							234343	32323	91919	41414	666665
8								234343	41414	91919	666665
9									227146	89520	583332
10										227146	583332

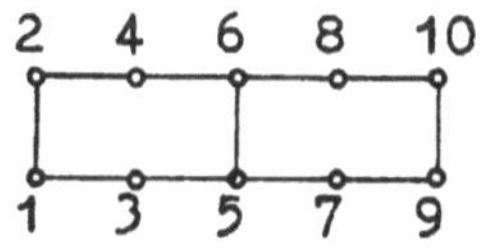

Tabelle 158 $D = 11808 = 2^5.3^2.41$

-K \ W	1	2	3	4	5	6	7	8	9	10	S
1	201474	104421	54878	18293	41921	13974	56911	24390	8130	8130	532522
2		313262	164634	54878	125762	41921	170732	73171	24390	24390	1097561
3			310976	103659	164634	54878	128049	54878	18293	18293	1073172
4				201220	54878	18293	42683	18293	6098	6098	524393
5					313262	104421	170732	73171	24390	24390	1097561
6						201474	56911	24390	8130	8130	532522
7							327236	140244	46748	46748	1186994
8								274390	91463	91463	865853
9									197154	30488	455284
10										197154	455284

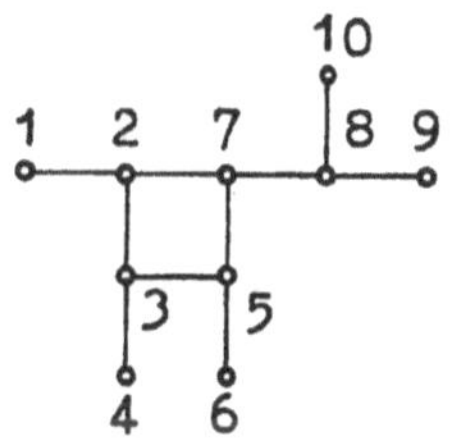

Tabelle 159 $D = 11771 = 79.149$

-K \ W	1	2	3	4	5	6	7	8	9	10	S
1	224832	87248	36913	23490	10067	6711	10067	23490	36913	87248	546979
2		225809	90179	44729	18265	10067	11936	25741	20559	35936	570469
3			233625	110696	44729	23490	25741	53734	24764	20559	664430
4				287359	115920	60403	65288	135460	53734	25741	922820
5					237745	97315	54201	65288	25741	11936	681207
6						231544	97315	60403	23490	10067	620805
7							237745	115920	44729	18265	681207
8								287359	110696	44729	922820
9									233625	90179	664430
10										225809	570469

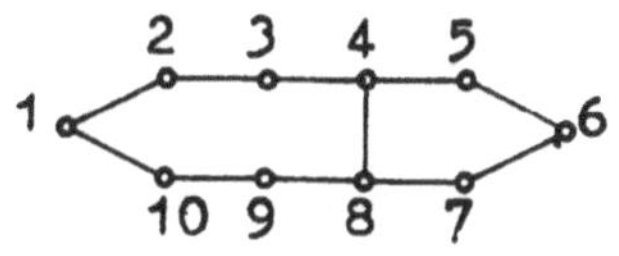

Tabelle 160 D = 11616 = $2^5.3.11^2$

-K \ W	1	2	3	4	5	6	7	8	9	10	S
1	236742	95644	50189	54924	114583	52083	20833	10417	10417	20833	666665
2		229640	93277	50189	57292	26042	10417	5208	5208	10417	583334
3			229640	95644	57292	26042	10417	5208	5208	10417	583334
4				236742	114583	52083	20833	10417	10417	20833	666665
5					286458	130208	52083	26042	26042	52083	916666
6						286458	114583	57292	57292	114583	916666
7							236742	95644	50189	54924	666665
8								229640	93277	50189	583334
9									229640	95644	583334
10										236742	666665

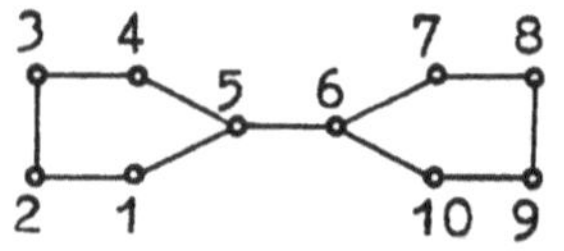

Tabelle 161 D = 11376 = $2^4.3^2.79$

-K \ W	1	2	3	4	5	6	7	8	9	10	S
1	238397	107595	84388	107595	37975	14768	6329	4219	6329	14768	622363
2		244726	126582	78059	56962	22152	9494	6329	9494	22152	683545
3			295359	126582	132911	51688	22152	14768	22152	51688	928270
4				244726	56962	22152	9494	6329	9494	22152	683545
5					284810	110759	47468	31646	47468	110759	917720
6						234045	91377	40084	28877	46545	662447
7							226661	88608	39161	28877	569621
8								225738	88608	40084	546413
9									226661	91377	569621
10										234045	662447

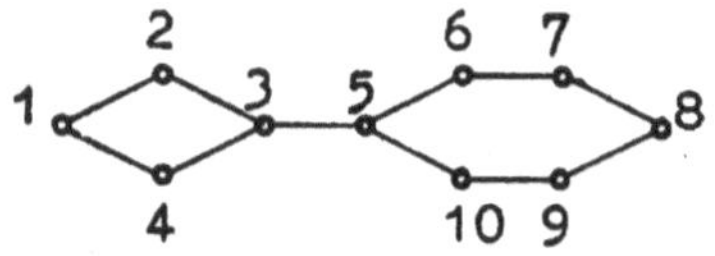

Tabelle 162 D = 11375 = $5^3.7.13$

-K \ W	1	2	3	4	5	6	7	8	9	10	S
1	231824	97758	61451	25275	14374	13055	24791	61319	97714	4791	632352
2		238418	117495	47253	24264	17451	28088	66813	54857	8088	700485
3			291033	116484	58418	39297	59473	139121	66857	19473	969102
4				241758	108791	48352	36264	60440	28571	36264	749452
5					267956	105758	49319	42198	18857	89319	779254
6						233670	95253	52088	21714	35253	660891
7							236440	114066	46286	16440	706420
8								290110	117143	14066	957364
9									238286	6286	696571
10										196440	426420

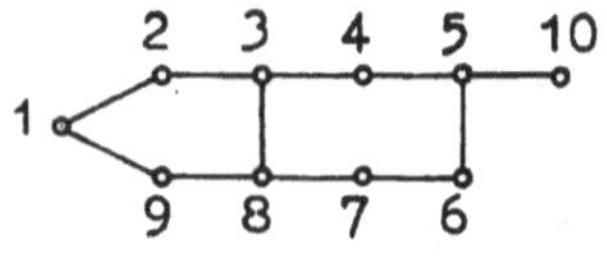

Tabelle 163 $D = 11339 = 17.23.29$

K \ W	1	2	3	4	5	6	7	8	9	10	S
1	234809	90087	35453	16271	13361	23812	58074	114340	50136	36070	672413
2		225549	86560	34130	15830	13361	24253	44713	19799	14684	568966
3			224226	86119	34130	16271	14684	19799	9260	7981	534483
4				224226	86560	35453	19799	14684	7981	9260	534483
5					225549	90087	44713	24253	14684	19799	568966
6						234809	114340	58074	36070	50136	672413
7							298307	149969	93527	130611	948277
8								298307	130611	93527	948277
9									248170	113899	724137
10										248170	724137

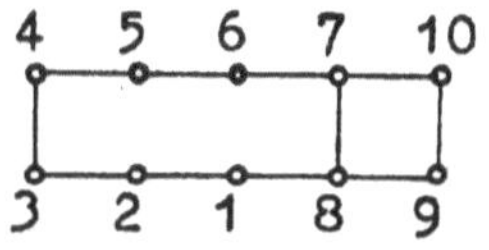

Tabelle 164 $D = 11336 = 2^3.13.109$

K \ W	1	2	3	4	5	6	7	8	9	10	S
1	197115	91346	38462	24038	9615	4808	4808	9615	24038	38462	442307
2		274038	115385	72115	28846	14423	14423	28846	72115	115385	826922
3			245589	121383	47636	21524	16937	29287	70924	62103	769230
4				292034	114061	50150	36388	59016	140658	70924	980767
5					235533	92537	42078	33698	59016	29287	692307
6						227461	89847	42078	36388	16937	596153
7							227461	92537	50150	21524	596153
8								235533	114061	47636	692307
9									292034	121383	980767
10										245589	769230

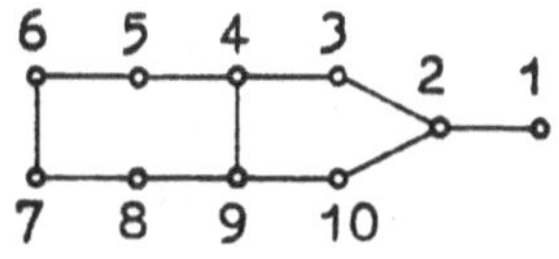

Tabelle 165 $D = 11319 = 3.7^3.11$

K \ W	1	2	3	4	5	6	7	8	9	10	S
1	229261	94885	55394	21866	10204	4373	2915	4373	49430	92897	565598
2		235224	110787	43732	20408	8746	5831	8746	53406	49430	631195
3			276968	109329	51020	21866	14577	21866	110787	55394	827988
4				240525	112245	48105	32070	48105	43732	21866	721575
5					285714	122449	81633	122449	20408	10204	836734
6						242954	106414	76288	8746	4373	644314
7							237609	106414	5831	2915	596209
8								242954	8746	4373	644314
9									235224	94885	631195
10										229261	565598

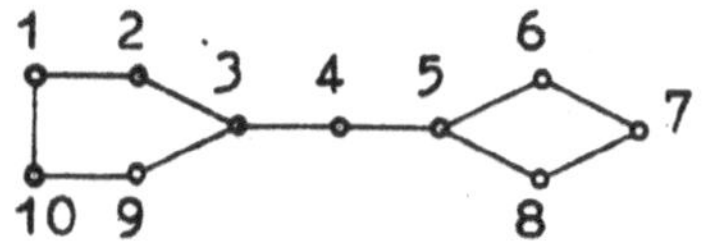

Tabelle 166 D = 11306 = 2.5653

W / -K	1	2	3	4	5	6	7	8	9	10	S
1	197638	92915	36485	16540	13135	22864	10835	9641	18088	44622	462763
2		278746	109455	49620	39404	68592	32505	28923	54263	133867	888290
3			234079	92783	44269	40023	17999	13975	23925	57801	670794
4				228728	93402	51477	21493	13002	17513	39537	624095
5					235937	114408	46480	25031	28613	60808	701487
6						291748	117946	62091	68327	142889	908365
7							238679	98090	55590	68680	708297
8								232178	98443	63152	644526
9									239740	120777	725279
10										299177	1031310

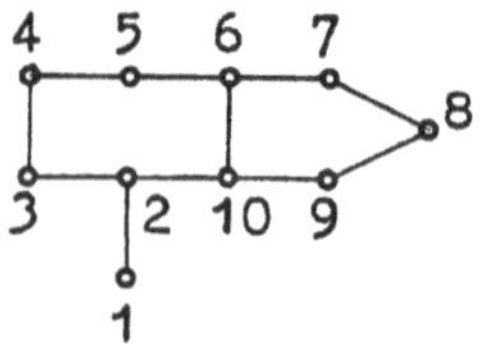

Tabelle 167 D = 11279 = P

W / -K	1	2	3	4	5	6	7	8	9	10	S
1	198112	94335	46236	18131	8157	6339	10861	26243	21633	38656	468703
2		283004	138709	54393	24470	19018	32583	78730	64899	115968	906109
3			299894	117120	51467	37282	60378	143851	71283	69997	1036217
4				236723	93049	42424	34223	60245	29391	27918	713627
5					227680	89990	42291	36883	16890	13787	604664
6						227547	92650	50403	21278	13432	600363
7							235659	114328	46946	26509	696428
8								292579	119558	66096	988916
9									240447	101782	734107
10										239250	713405

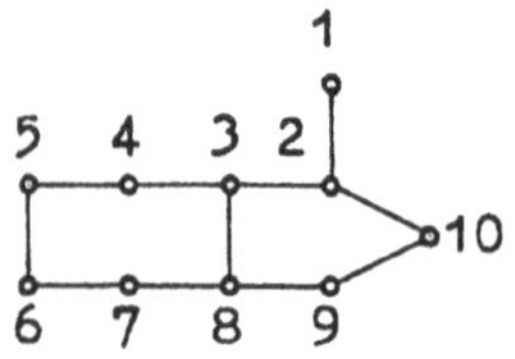

Tabelle 168 $D = 11100 = 2^2.3.5^2.37$

W / -K	1	2	3	4	5	6	7	8	9	10	S
1	191892	75676	35135	14865	9459	4054	2703	4054	9459	14865	362162
2		227027	105405	44595	28378	12162	8108	12162	28378	44595	586486
3			281081	118919	75676	32432	21622	32432	75676	118919	897297
4				247748	124324	50901	28378	34234	74324	64414	802702
5					297297	120270	63514	70270	147297	74324	1010809
6						239640	98649	56306	70270	34234	718918
7							232432	98649	63514	28378	645947
8								239640	120270	50901	718918
9									297297	124324	1010809
10										247748	802702

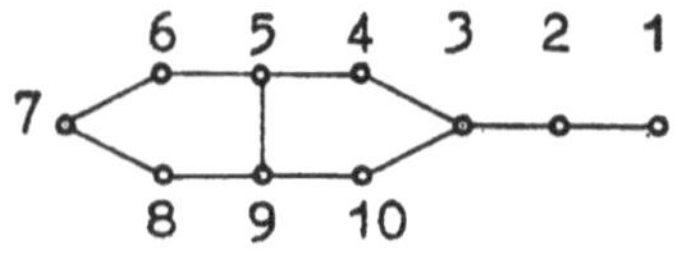

Tabelle 169 D = 11031 = 3.3677

K \ W	1	2	3	4	5	6	7	8	9	10	S
1	192050	76149	36397	18085	7388	4079	4850	10470	8476	14958	372902
2		228447	109192	54256	22165	12238	14550	31411	25428	44874	618710
3			291179	144683	59106	32635	38800	83764	67809	119663	983228
4				306636	124014	65407	72206	151210	74789	73157	1084443
5					241139	99402	57066	71798	34312	31140	747530
6						232798	98994	64183	28148	20261	658145
7							239915	120751	50131	29644	726907
8								298070	122246	68670	1022573
9									241819	103209	756367
10										240957	746533

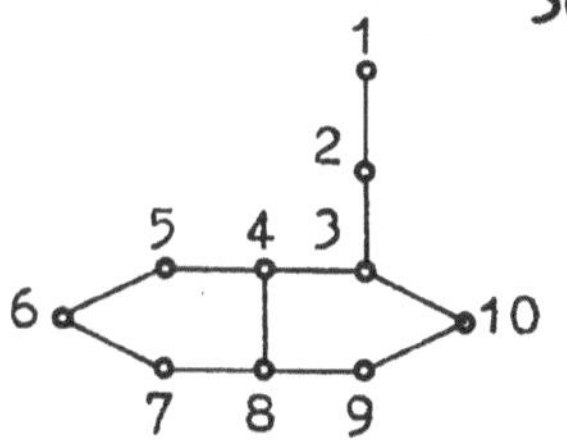

Tabelle 170 D = 11016 = $2^3.3^4.17$

K \ W	1	2	3	4	5	6	7	8	9	10	S
1	196078	88235	34314	14706	9804	4902	4902	9804	14706	34314	411765
2		264706	102941	44118	29412	14706	14706	29412	44118	102941	735295
3			232162	93546	48475	21923	17293	29956	24101	42347	647058
4				236520	116013	51062	37173	60458	28186	24101	705883
5					299564	131264	94227	151416	60458	29956	970589
6						248502	114243	94227	37173	17293	735295
7							248502	131264	51062	21923	735295
8								299564	116013	48475	970589
9									236520	93546	705883
10										232162	647058

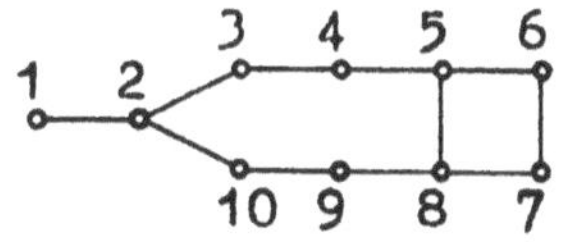

Tabelle 171 D = 11006 = 2.5503

K \ W	1	2	3	4	5	6	7	8	9	10	S
1	196257	88770	35708	18354	8268	6451	11085	8450	14265	34345	421953
2		266309	107123	55061	24805	19353	33255	25350	42795	103035	765856
3			241914	118617	52199	37979	61739	28621	24123	43749	751772
4				300790	131792	94585	151963	60512	29575	28212	989461
5					248728	114392	94448	37162	17036	13947	742777
6						248592	131383	50972	21534	13629	738870
7							299700	115755	47565	26940	973833
8								235780	91586	38979	693167
9									227194	89996	605669
10										231010	623842

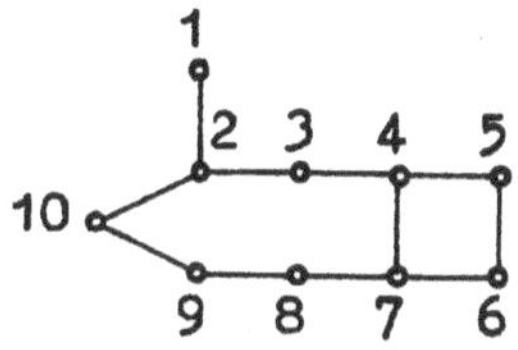

Tabelle 172 $D = 10971 = 3^2.23.53$

W / -K	1	2	3	4	5	6	7	8	9	10	S
1	237490	106235	106235	81214	31173	12305	5742	2461	2461	1641	586957
2		242685	76019	121821	46760	18458	8614	3692	3692	2461	630437
3			242685	121821	46760	18458	8614	3692	3692	2461	630437
4				284249	109106	43068	20098	8614	8614	5742	804347
5					233798	92289	43068	18458	18458	12305	652175
6						233798	109106	46760	46760	31173	652175
7							284249	121821	121821	81214	804347
8								242685	76019	106235	630437
9									242685	106235	630437
10										237490	586957

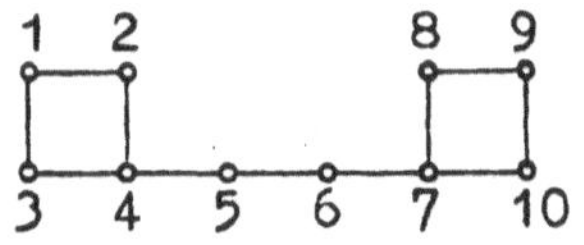

Tabelle 173 $D = 10926 = 2.3^2.607$

W / -K	1	2	3	4	5	6	7	8	9	10	S
1	197694	93081	35969	14827	8512	10708	23613	14552	20044	45579	464579
2		279242	107908	44481	25535	32125	70840	43657	60132	136738	893739
3			232702	90198	37891	23476	32537	19083	24712	55052	659528
4				226112	88138	38303	26771	13591	14003	28418	584842
5					226524	91433	47776	21691	17298	30203	595001
6						235997	116557	51483	37891	62191	700164
7							301895	132757	96376	156370	1005492
8								249451	115596	97337	739198
9									250412	135640	772104
10										309582	1057110

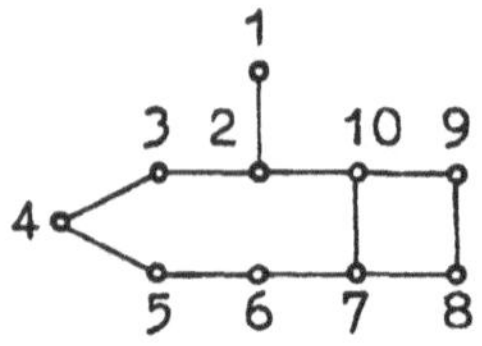

Tabelle 174 $D = 10899 = 3^2.7.173$

W / -K	1	2	3	4	5	6	7	8	9	10	S
1	244977	107762	78310	127168	58216	23947	13625	4542	12386	23534	694467
2		238508	107762	84778	38811	15965	9083	3028	8258	15690	629645
3			244977	127168	58216	23947	13625	4542	12386	23534	694467
4				296724	135838	55877	31792	10597	28902	54913	953757
5					291082	119736	68126	22709	61932	117671	972337
6						244288	113130	37710	57391	59042	751033
7							271263	90421	110239	59455	780759
8								196807	36746	19818	426920
9									236581	99505	664326
10										239059	712221

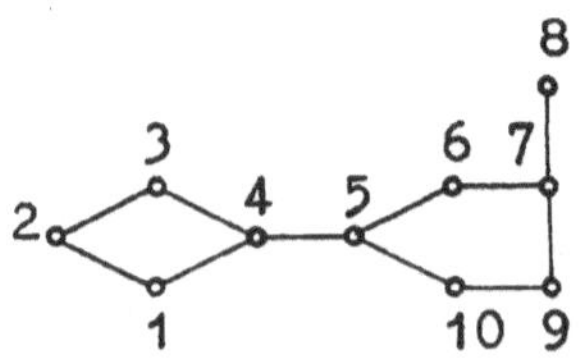

Tabelle 175 D = 10871 = 7.1553

-K \ W	1	2	3	4	5	6	7	8	9	10	S
1	191795	75384	34357	13614	6485	5841	3174	3680	7865	14074	356269
2		226152	103072	40843	19455	17524	9521	11039	23595	42222	568807
3			274860	108914	51881	46730	25389	29436	62920	112593	850152
4				235259	96863	55331	26125	23043	43004	50639	693635
5					238708	119262	52985	39693	66093	39325	730750
6						302456	132830	96035	155276	67335	998620
7							249333	115169	96173	40521	751220
8								249471	133244	54227	755037
9									303560	122160	1013890
10										244918	788014

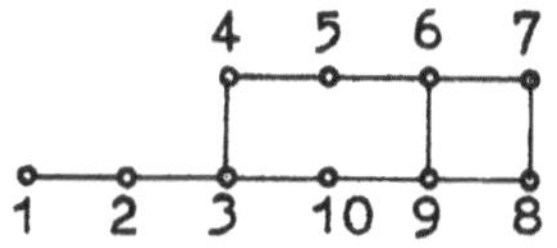

Tabelle 176 D = 10836 = $2^2.3^2.7.43$

-K \ W	1	2	3	4	5	6	7	8	9	10	S
1	197951	93854	37929	19934	21872	45681	21318	9136	6091	9136	462902
2		281561	113787	59801	65615	137043	63953	27409	18272	27409	888704
3			236988	97176	54540	66445	31008	13289	8859	13289	673310
4				231728	98007	62292	29070	12458	8306	12458	631230
5					239480	120432	56202	24086	16058	24086	720378
6						299003	139535	59801	39867	59801	1029900
7							298450	127907	85271	127907	980621
8								245293	107973	78627	705979
9									238649	107973	637319
10										245293	705979

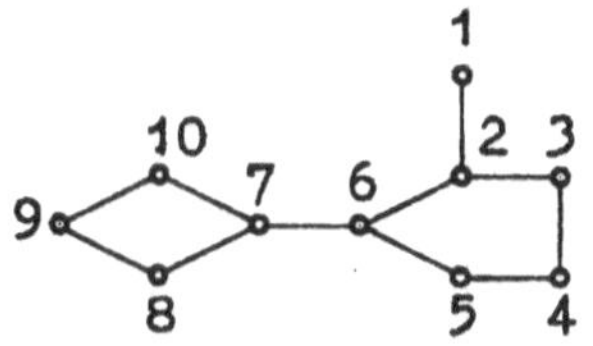

Tabelle 177 D =10824 = $2^3.3.11$ 41

-K \ W	1	2	3	4	5	6	7	8	9	10	S
1	198171	94512	42683	42683	33537	15244	6098	6098	3049	3049	445124
2		283537	128049	128049	100610	45732	18293	18293	9146	9146	835367
3			254065	87398	134146	60976	24390	24390	12195	12195	780487
4				254065	134146	60976	24390	24390	12195	12195	780487
5					301829	137195	54878	54878	27439	27439	1006097
6						289634	115854	115854	57927	57927	957319
7							237251	55432	95898	50443	682927
8								237251	50443	95898	682927
9									229767	93404	591463
10										229767	591463

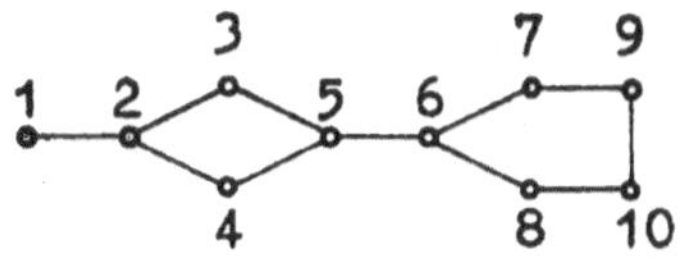

Tabelle 178 D = 10814 = 2.5407

W / K	1	2	3	4	5	6	7	8	9	10	S
1	199741	99223	52340	20252	8415	4994	6566	14703	37544	45589	489367
2		297670	157019	60755	25245	14981	19697	44109	112632	136767	968098
3			312789	120584	48964	26308	29961	63575	160764	105928	1078232
4				237470	91825	38006	22193	28574	63529	41428	724616
5					226512	87710	36619	22147	29822	18356	595615
6						225125	87664	37868	25939	13640	562235
7							226373	91456	47993	22563	591085
8								236499	118041	54050	711022
9									306131	139588	1041985
10										258785	836694

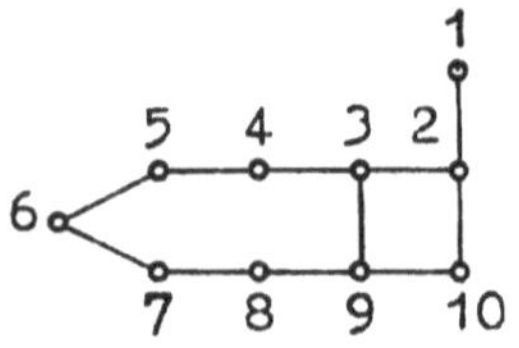

Tabelle 179 D = 10800 = $2^4.3^3.5^2$

W / K	1	2	3	4	5	6	7	8	9	10	S
1	197222	91667	38889	25000	11111	8333	2778	11111	25000	38889	450000
2		275000	116667	75000	33333	25000	8333	33333	75000	116667	850000
3			247222	125000	52778	33333	11111	36111	75000	63889	800000
4				300000	125000	75000	25000	75000	150000	75000	1050000
5					247222	116667	38889	63889	75000	36111	800000
6						275000	91667	116667	75000	33333	850000
7							197222	38889	25000	11111	450000
8								247222	125000	52778	800000
9									300000	125000	1050000
10										247222	800000

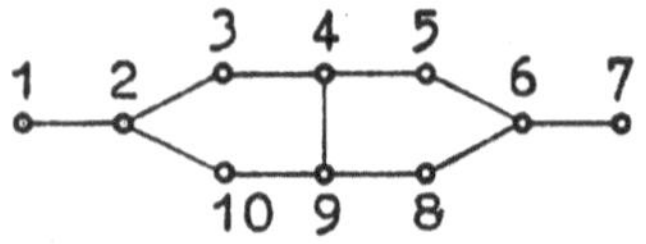

Tabelle 180 D = 10781 = P

W / K	1	2	3	4	5	6	7	8	9	10	S
1	251415	137696	63445	28847	23096	40442	98228	116548	23792	7931	791440
2		313746	143215	62193	43363	67897	160328	99341	53706	17902	1099387
3			288285	113533	52314	43410	77915	47120	108107	36036	973380
4				235832	93962	46053	44198	24348	42575	14192	705733
5					229571	94750	54680	25925	19618	6539	643818
6						238197	119840	53427	16279	5426	725721
7							304842	134357	29218	9739	1033345
8								250301	17670	5890	774927
9									228040	76013	615018
10										192004	371672

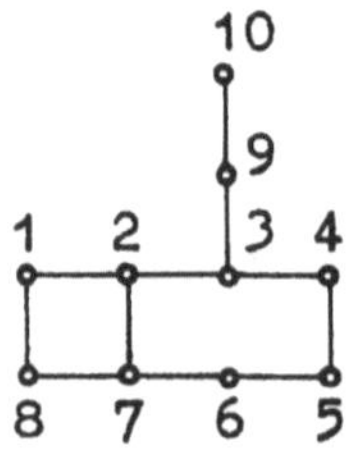

Tabelle 181 D = 10769 = $11^2 . 89$

-K \ W	1	2	3	4	5	6	7	8	9	10	S
1	199183	97549	42901	31154	50562	22983	9193	4597	4597	9193	471912
2		292646	128703	93463	151685	68948	27579	13790	13790	27579	915732
3			247701	114402	95506	43412	17365	8682	8682	17365	724719
4				249745	134831	61287	24515	12257	12257	24515	758426
5					308989	140449	56180	28090	28090	56180	1050562
6						291113	116445	58223	58223	116445	977528
7							237487	96016	50562	55669	691011
8								229826	93463	50562	595506
9									229826	96016	595506
10										237487	691011

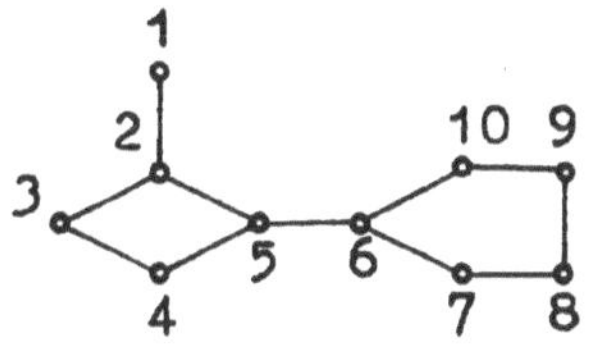

Tabelle 182 D = 10739 = P

-K \ W	1	2	3	4	5	6	7	8	9	10	S
1	198342	95027	39110	22302	27796	13456	12571	4190	20067	47630	480491
2		285082	117329	66906	83388	40367	37713	12571	60201	142890	941474
3			240106	102989	68861	30822	23606	7869	32126	72772	735590
4				242062	123196	52100	33104	11035	36177	75426	765297
5					300726	125477	75705	25235	76404	153506	1060294
6						247509	117050	39017	64624	76823	807245
7							275445	91815	117469	76962	861440
8								197272	39156	25654	453814
9									248627	128410	823261
10										308269	1108342

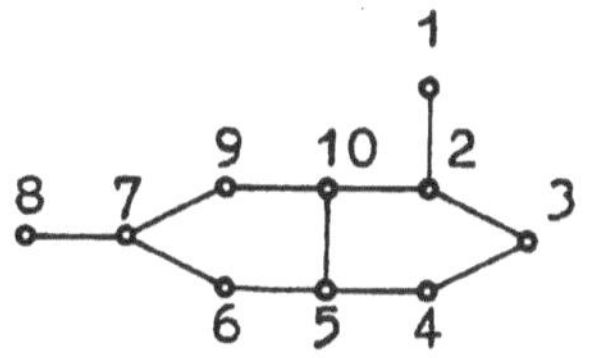

Tabelle 183 D = 10679 = 59.181

-K \ W	1	2	3	4	5	6	7	8	9	10	S
1	198380	95140	39236	22568	28467	15029	11612	19805	47804	5010	483051
2		285420	117708	67703	85401	45088	34835	59416	143412	15029	949152
3			240472	103708	70653	34835	22240	31885	73415	11612	745764
4				243422	126557	59416	31885	36239	76833	19805	788136
5					309018	143412	73415	76833	157084	47804	1118644
6						285420	117708	67703	85401	95140	949152
7							240472	103708	70653	39236	745764
8								243422	126557	22568	788136
9									309018	28467	1118644
10										198380	483051

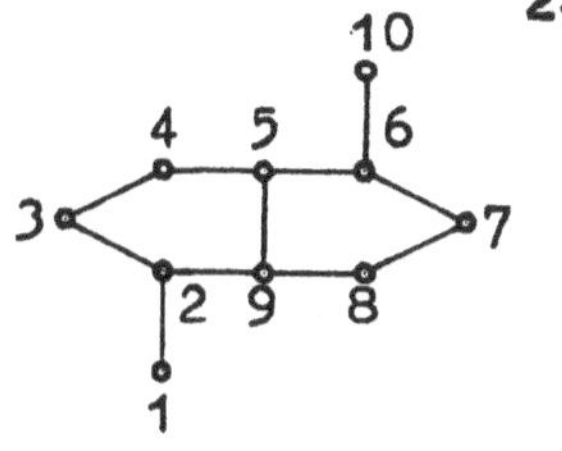

Tabelle 184 D = 10679 = 59.181

K \ W	1	2	3	4	5	6	7	8	9	10	S
1	199457	98371	49302	20180	11237	13531	29357	25236	46353	15451	508475
2		295112	147907	60539	33711	40594	88070	75709	139058	46353	1025424
3			309018	125059	66158	73415	154087	79830	85401	28467	1118644
4				241596	99728	57590	73041	36473	36380	12127	762713
5					233027	99354	65034	29591	23738	7913	669491
6						240472	122062	52299	34835	11612	745764
7							301152	127306	80766	26922	1067797
8								249789	122062	40687	838982
9									285420	95140	949153
10										198380	483052

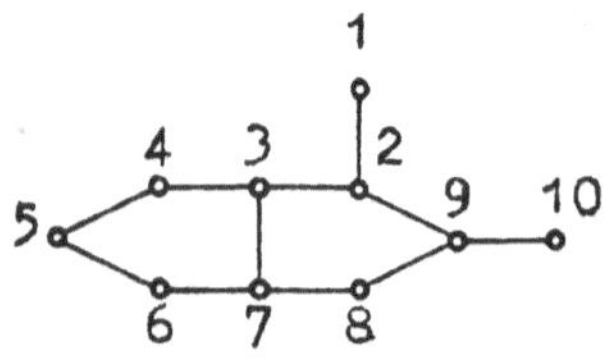

Tabelle 185 D = 10670 = 2.5.11.97

K \ W	1	2	3	4	5	6	7	8	9	10	S
1	198547	95642	39410	22587	28351	13496	12137	22915	7638	48969	489692
2		286926	118229	67760	85052	40487	36410	68744	22915	146907	969072
3			240534	103374	69588	30647	22352	36410	12137	74742	747423
4				242362	123711	51453	30647	40487	13496	77320	773197
5					301546	123711	69588	85052	28351	157216	1072166
6						242362	103374	67760	22587	77320	773197
7							240534	118229	39410	74742	747423
8								286926	95642	146907	969072
9									198547	48969	489692
10										317010	1170102

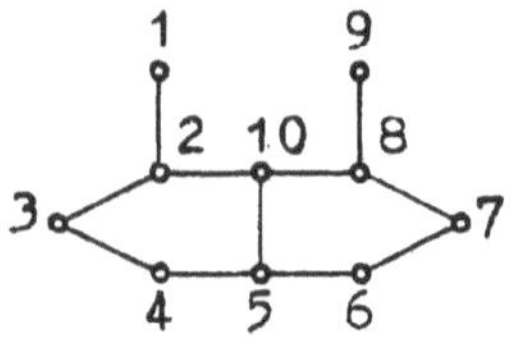

Tabelle 186 D = 10665 = 3^3.5.79

K \ W	1	2	3	4	5	6	7	8	9	10	S
1	233333	100000	66667	33333	11111	22222	11111	33333	66667	100000	677777
2		241772	125316	59494	19831	33333	13502	40506	74684	58228	766666
3			309283	145148	48383	77778	29395	88186	157384	74684	1122224
4				287764	95921	122222	26301	78903	88186	40506	977778
5					198640	40741	8767	26301	29395	13502	492592
6						248148	40741	122222	77778	33333	818518
7							198640	95921	48383	19831	492592
8								287764	145148	59494	977778
9									309283	125316	1122224
10										241772	766666

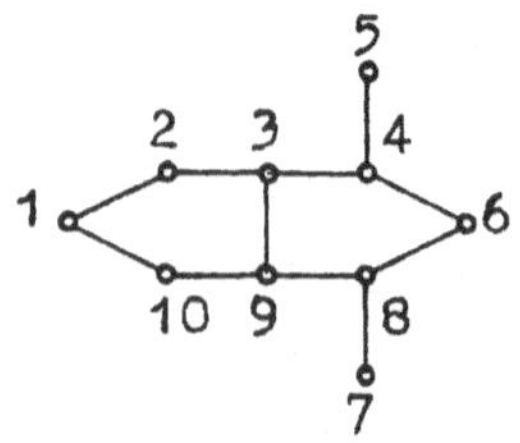

Tabelle 187 D = 10664 = $2^3.31.43$

W / -K	1	2	3	4	5	6	7	8	9	10	S
1	317189	124109	55139	41307	68783	165041	109152	162416	60906	20302	1124344
2		239544	94524	44027	37556	68642	44261	64141	24053	8018	748875
3			228432	90773	43886	40885	23631	30008	11253	3751	622282
4				228291	94102	54014	26632	25881	9706	3235	617968
5					238419	121155	56264	47637	17864	5955	731621
6						309452	142161	117029	43886	14629	1076894
7							261065	141035	52888	17629	874718
8								306077	114779	38260	1047263
9									230542	76847	642724
10										192282	380908

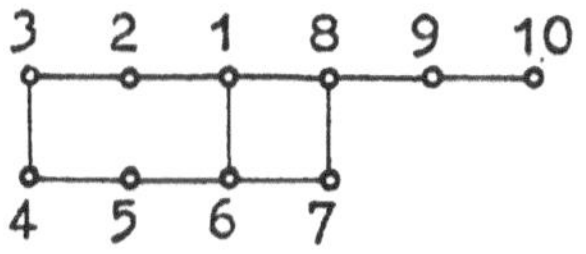

Tabelle 188 D = 10619 = 7.37.41

W / -K	1	2	3	4	5	6	7	8	9	10	S
1	251436	137019	59186	40541	15444	5792	1931	46991	100433	117290	776063
2		310622	130568	81081	30888	11583	3861	81787	164281	100433	1052123
3			250730	121622	46332	17375	5792	67803	81787	46991	828186
4				283784	108108	40541	13514	121622	81081	40541	932435
5					231660	86873	28958	46332	30888	15444	640927
6						220077	73359	17375	11583	5792	490350
7							191120	5792	3861	1931	330119
8								250730	130568	59186	828186
9									310622	137019	1052123
10										251436	776063

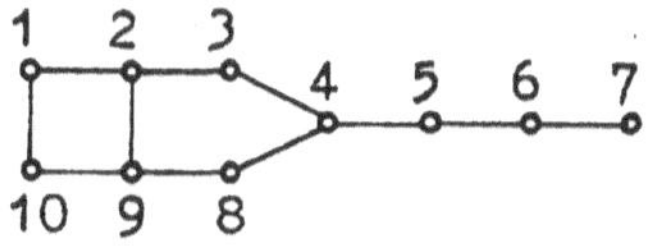

Tabelle 189 D = 10566 = $2.3^2.587$

W / -K	1	2	3	4	5	6	7	8	9	10	S
1	198041	94123	42164	42164	32368	12777	5963	2555	2555	1704	434414
2		282368	126491	126491	97104	38330	17888	7666	7666	5111	803238
3			251988	85321	129472	51107	23850	10221	10221	6814	737649
4				251988	129472	51107	23850	10221	10221	6814	737649
5					291312	114991	53663	22998	22998	15332	909710
6						242760	113288	48552	48552	32368	753832
7							286201	122658	122658	81772	851791
8								243044	76377	106474	650766
9									243044	106474	650766
10										237649	600512

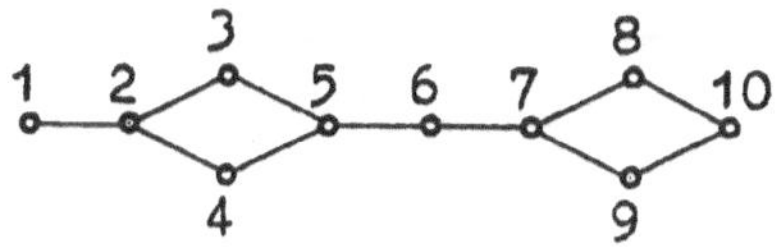

Tabelle 190 $D = 10556 = 2^2.7.13.29$

W / -K	1	2	3	4	5	6	7	8	9	10	S
1	197518	92554	38083	21694	10231	9000	16768	19610	42061	14020	461539
2		277662	114248	65081	30693	26999	50303	58829	126184	42061	884614
3			245832	123247	54850	41304	69060	42630	58829	19610	807693
4				304661	133858	96912	156878	69060	50303	16768	1038462
5					249811	115574	96912	41304	26999	9000	769232
6						249811	133858	54850	30693	10231	769232
7							304661	123247	65081	21694	1038462
8								245832	114248	38083	807693
9									277662	92554	884614
10										197518	461539

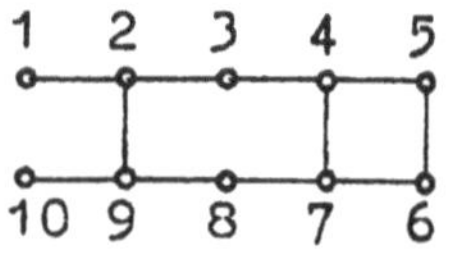

Tabelle 191 $D = 10539 = 3^2.1171$

W / -K	1	2	3	4	5	6	7	8	9	10	S
1	242670	105465	73726	37432	38571	78281	122545	46684	17506	5835	768715
2		244663	128523	58497	46968	82408	71734	27327	10248	3416	779249
3			311842	138059	102334	168944	92656	35297	13237	4412	1069030
4				252206	118560	103473	53800	20495	7686	2562	792770
5					253345	141475	68745	26188	9821	3274	809281
6						320951	152434	58070	21776	7259	1135071
7							295901	112724	42272	14091	1026902
8								233419	87532	29177	676913
9									220325	73442	503845
10										191147	334615

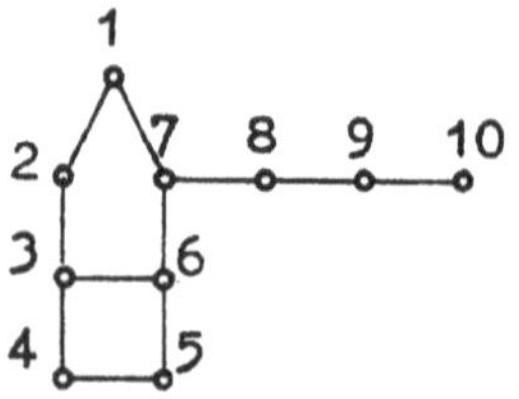

Tabelle 192 $D = 10530 = 2.3^4.5.13$

W / -K	1	2	3	4	5	6	7	8	9	10	S
1	244872	107692	78205	126923	57692	19231	26923	11538	7692	11538	692306
2		238462	107692	84615	38462	12821	17949	7692	5128	7692	628205
3			244872	126923	57692	19231	26923	11538	7692	11538	692306
4				296154	134615	44872	62821	26923	17949	26923	948718
5					288462	96154	134615	57692	38462	57692	961538
6						198718	44872	19231	12821	19231	784182
7							296154	126923	84615	126923	948718
8								244872	107692	78205	692306
9									238462	107692	608205
10										244872	692306

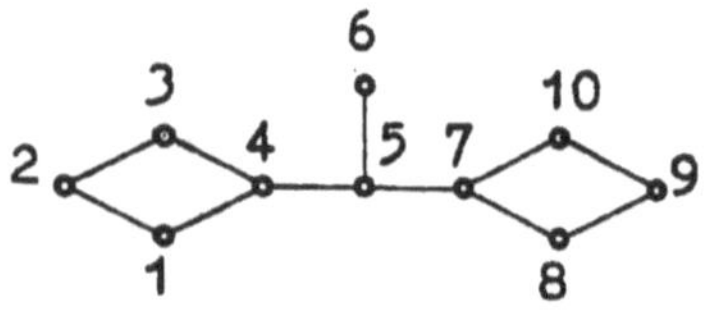

Tabelle 193 D = 10521 = $3^2.7.167$

-K \ W	1	2	3	4	5	6	7	8	9	10	S
1	198175	94525	47191	20958	15683	26091	15398	20103	6701	38209	483034
2		283576	141574	62874	47049	78272	46193	60308	20103	114628	949102
3			313516	137725	99658	161249	70573	50470	16823	64015	1102794
4				251497	116766	98802	41916	26946	8982	29940	796406
5					250642	135158	55175	30368	10123	25806	786428
6						306672	123610	64157	21386	47476	1062873
7							245081	111634	37211	52609	799400
8								270744	90248	110351	835329
9									196749	36784	445110
10										241660	761478

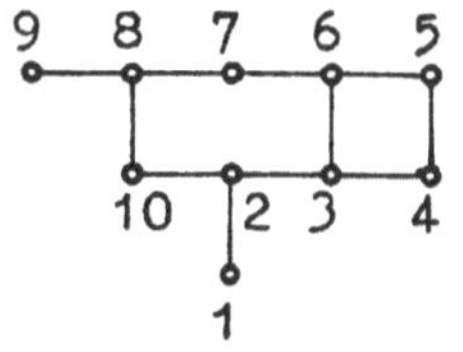

Tabelle 194 D = 10521 = $3^2.7.167$

-K \ W	1	2	3	4	5	6	7	8	9	10	S
1	198888	96664	42344	30368	48760	19247	8982	3849	2566	3849	455517
2		289991	127032	91104	146279	57742	26946	11548	7699	11548	866553
3			246650	112917	92102	36356	16966	7271	4847	7271	693756
4				247648	130026	51326	23952	10265	6843	10265	714714
5					297975	117622	54890	23524	15683	23524	950385
6						243798	113772	48760	32506	48760	769889
7							286427	122754	81836	122754	859279
8								243085	106501	76419	653976
9									237668	106501	602650
10										243085	653976

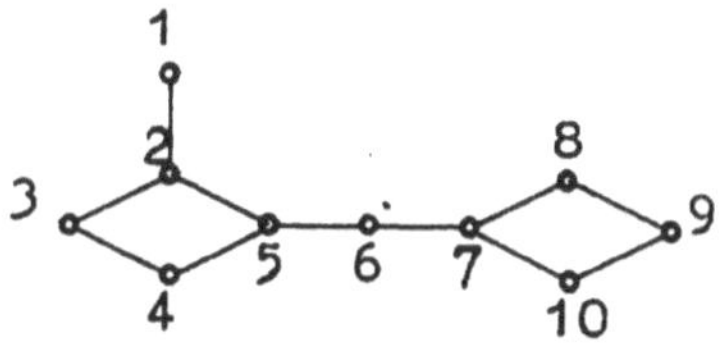

Tabelle 195 D = 10476 = $2^2.3^3.97$

-K \ W	1	2	3	4	5	6	7	8	9	10	S
1	236254	97938	57560	27491	24914	47251	59278	19759	110825	36942	718212
2		239691	121134	54124	41237	69588	46392	15464	54124	18041	757733
3			305842	134880	98797	161512	79897	26632	51546	17182	1054982
4				250573	116838	99943	48110	16037	28351	9450	785797
5					251718	138316	64433	21478	33505	11168	802404
6						315006	145189	48396	72165	24055	1121421
7							291237	97079	131443	43814	1006872
8								199026	43814	14605	502290
9									278351	92784	896908
10										197594	465635

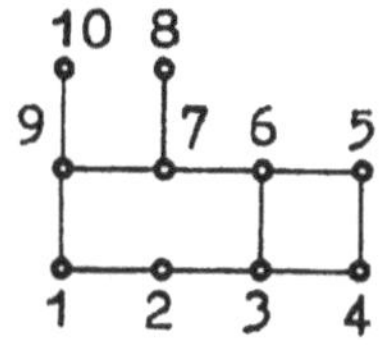

Tabelle 196 D = 10451 = 7.1493

K \ W	1	2	3	4	5	6	7	8	9	10	S
1	244426	101761	60855	80806	50043	69324	26409	9903	33011	31519	778347
2		234379	101378	69754	36982	41192	15692	5885	1962	70902	679887
3			243278	128457	60903	54253	20668	7750	2583	81188	761313
4				315616	145728	121567	46312	17367	5789	172663	1104059
5					263133	143670	54732	20524	6841	113147	895703
6						309444	117883	44206	14735	166778	1083052
7							235384	88269	29423	63535	698307
8								220601	73534	23825	511864
9									191178	7942	337288
10										323653	1115152

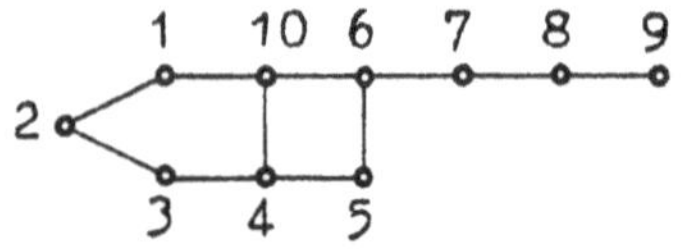

Tabelle 197 D = 10449 = $3^5.43$

K \ W	1	2	3	4	5	6	7	8	9	10	S
1	236434	112403	37468	63307	29716	25840	47804	18088	54264	96899	722223
2		282946	94315	142119	63307	47804	80103	16796	50388	54264	944443
3			198105	47373	21102	15935	26701	5599	16796	18088	481482
4				315676	139104	101637	165805	26701	80103	47804	1129629
5					252369	118002	101637	15935	47804	25840	814816
6						252369	139104	21102	63307	29716	814816
7							315676	47373	142119	63307	1129629
8								198105	94315	37468	481482
9									282946	112403	944445
10										236434	722223

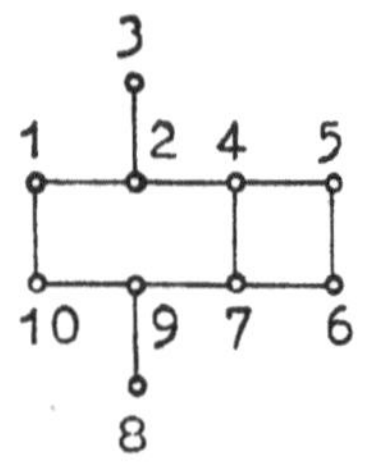

Tabelle 198 D = 10431 = $3^2.19.61$

K \ W	1	2	3	4	5	6	7	8	9	10	S
1	333637	131483	60813	50955	16985	75068	174249	114043	167880	55960	1181073
2		253867	102821	54595	18198	42766	73703	46861	66861	22293	813466
3			247649	112830	37610	53230	46861	26539	32757	10919	732029
4				283894	94631	116924	66879	32757	31392	10464	855321
5					207310	38975	22293	10919	10464	3488	460873
6						258568	131483	60813	50955	16985	845767
7							327571	149682	121474	40491	1154686
8								274189	145587	48529	909919
9									315287	105096	1047771
10										210798	525023

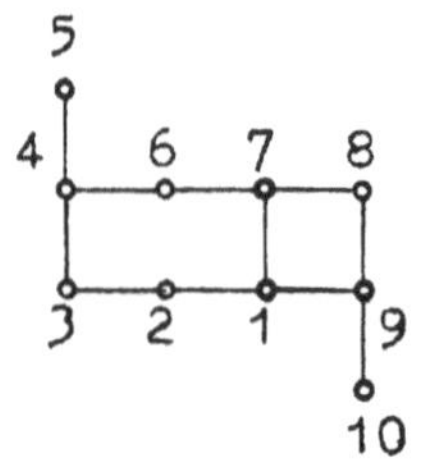

Tabelle 199 D = 10430 = 2.5.7.149

K \ W	1	2	3	4	5	6	7	8	9	10	S
1	259875	138063	108293	45254	27469	27996	56520	141563	46021	9156	860210
2		299137	159636	64717	34516	27325	47459	115053	99712	11505	997123
3			317402	127325	64573	44871	70038	165244	53212	21524	1132118
4				246213	111314	50623	40556	71045	21572	37105	815724
5					269367	106999	51630	47891	11505	89789	815053
6						234708	97124	56663	9108	35666	691083
7							239741	122100	15820	17210	758198
8								309636	38351	15964	1083510
9									199904	3835	499040
10										196596	438350

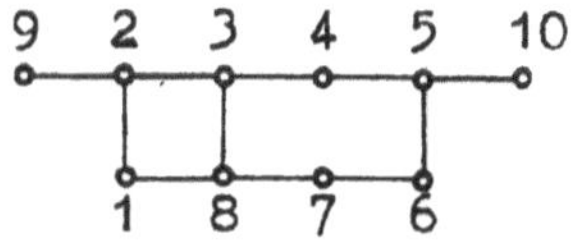

Tabelle 200 D = 10404 = $2^2.3^2.17^2$

K \ W	1	2	3	4	5	6	7	8	9	10	S
1	238754	108131	108131	85640	40657	18166	18166	13841	5190	1730	638406
2		245531	78864	128460	60986	27249	27249	20761	7785	2595	707611
3			245531	128460	60986	27249	27249	20761	7785	2595	707611
4				299740	142301	63581	63581	48443	18166	6055	984427
5					304931	136246	136246	103806	38927	12976	1038062
6						255911	89245	131488	49308	16436	814879
7							255911	131488	49308	16436	814879
8								290657	108997	36332	906574
9									228374	76125	589965
10										192042	363322

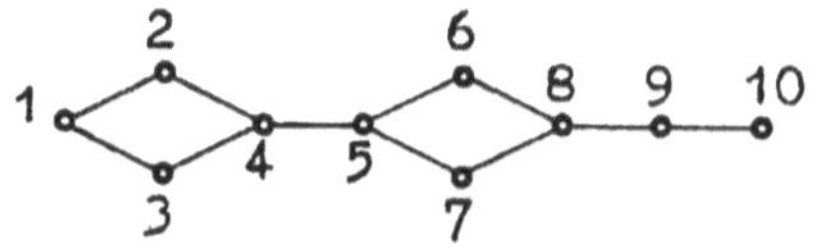

Tabelle 201 D = 10349 = 79.131

K \ W	1	2	3	4	5	6	7	8	9	10	S
1	318726	125278	57107	46043	81022	27007	170016	110301	160885	53628	1150013
2		240313	95661	46671	44352	14784	71601	45173	63919	21306	769058
3			229877	93970	52034	17345	44787	25220	30873	10291	657165
4				235240	111750	37250	62760	30486	28698	9566	702434
5					283216	94405	143492	66238	55223	18408	950140
6						198135	47831	22079	18408	6136	483380
7							319886	146149	118562	39521	1164605
8								261909	139579	46526	893660
9									300174	100058	1016379
10										200019	505459

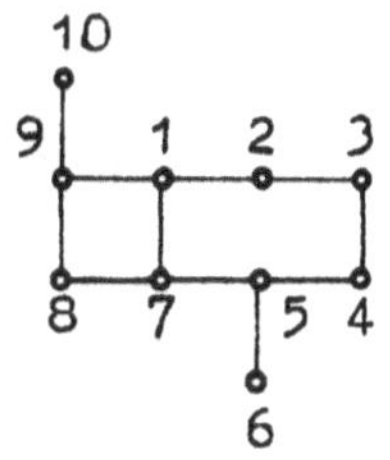

Tabelle 202 D = 10341 = $3^3.383$

K \ W	1	2	3	4	5	6	7	8	9	10	S
1	238903	108355	108355	86162	41775	18277	13055	20888	7833	2611	646214
2		245866	79199	129243	62663	27415	19582	31332	11749	3916	719320
3			245866	129243	62663	27415	19582	31332	11749	3916	719320
4				301567	146214	63969	45692	73107	27415	9138	1011750
5					313316	137076	97911	156658	58747	19582	1096605
6						250943	115753	96316	36118	12039	785321
7							249347	132289	49608	16536	759355
8								300551	112706	37569	992748
9									229765	76588	622278
10										192196	374091

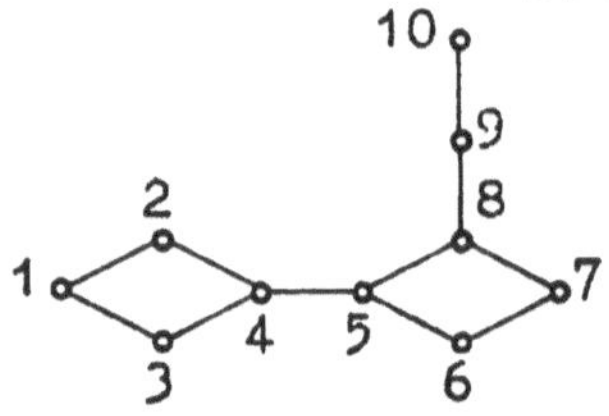

Tabelle 203 D = 10341 = $3^2.383$

K \ W	1	2	3	4	5	6	7	8	9	10	S
1	200174	100522	54830	24804	11314	9138	16101	39164	46562	8268	510877
2		301567	164491	74413	33943	27415	48303	117493	139687	24804	1032638
3			327096	146649	63969	45257	71802	170148	111546	48883	1204671
4				284595	112272	52219	44386	80940	51784	94865	966927
5					235422	93995	46562	45692	26545	37424	707138
6						229765	95300	56136	27850	17406	654481
7							239339	122715	57006	14795	756309
8								312010	143168	26980	1114446
9									260952	17261	882361
10										198288	488974

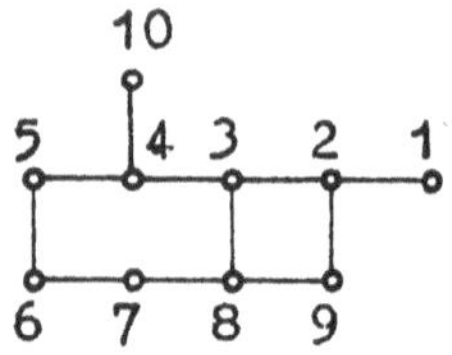

Tabelle 204 D = 10332 = $2^2.3^2.7.41$

K \ W	1	2	3	4	5	6	7	8	9	10	S
1	251570	137340	59669	41667	17857	5952	5952	47474	100755	117451	785687
2		311266	131533	83333	35714	11905	11905	82753	164925	100755	1071429
3			252178	125000	53571	17857	17857	69251	82753	47474	857143
4				291667	125000	41667	41667	125000	83333	41667	1000001
5					267857	89286	89286	53571	35714	17857	785715
6						196429	29762	17857	11905	5952	428572
7							196429	17857	11905	5952	428572
8								252178	131533	59669	857143
9									311266	137340	1071429
10										251570	785687

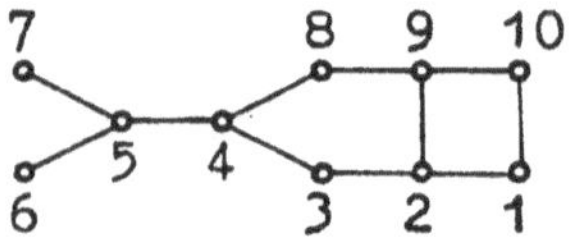

Tabelle 205 D = 10242 = $2.3^2.569$

W / K	1	2	3	4	5	6	7	8	9	10	S
1	244142	106327	74839	38079	39397	80111	126098	54042	18014	18014	799063
2		245167	129174	58875	47452	83480	73814	31634	10545	10545	797013
3			312683	138547	102958	170329	95343	40861	13620	13620	1091974
4				252490	118922	104277	55360	23726	7909	7909	806094
5					253808	142501	70738	30316	10105	10105	826302
6						323228	156854	67223	22408	22408	1172819
7							304482	130492	43497	43497	1100175
8								270211	90070	90070	828456
9									196690	30023	442881
10										196690	442881

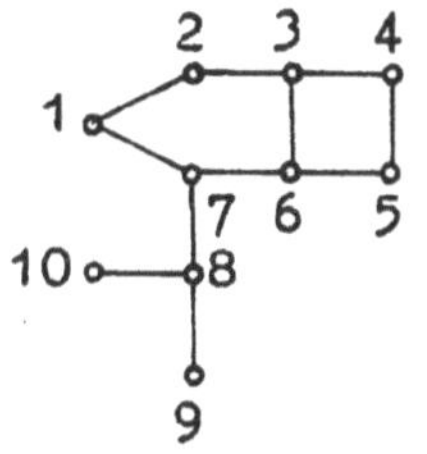

Tabelle 206 D = 10175 = $5^2.11.37$

W / K	1	2	3	4	5	6	7	8	9	10	S
1	228796	95184	56757	31843	10614	9386	28157	43243	44816	91204	640000
2		240737	127027	67371	22457	17543	52629	72973	39263	44816	780000
3			324324	170270	56757	43243	129730	175676	72973	43243	1200000
4				313710	104570	55430	166290	129730	52629	28157	1120000
5					201523	18477	55430	43243	17543	9386	540000
6						201523	104570	56757	22457	10614	540000
7							313710	170270	67371	31843	1120000
8								324324	127027	56757	1200000
9									240737	95184	780000
10										228796	640000

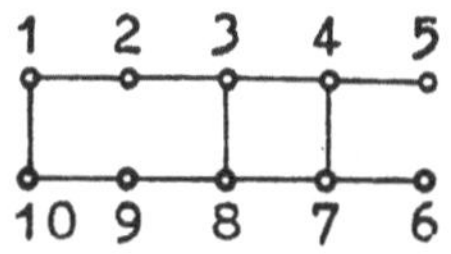

Tabelle 207 D = 10143 = $3^2.7^2.23$

W / K	1	2	3	4	5	6	7	8	9	10	S
1	326383	132653	71576	82076	174652	115498	171843	73647	24549	24549	1197426
2		244898	102041	61224	81633	51020	71429	30612	10204	10204	795918
3			234546	101597	70245	37563	42443	18190	6063	6063	690327
4				243567	129104	61668	55901	23957	7986	7986	775066
5					317066	147442	125259	53682	17894	17894	1134871
6						265158	148033	63443	21148	21148	932121
7							318841	136646	45549	45549	1161493
8								272848	90949	90949	854923
9									196983	30316	451641
10										196983	451641

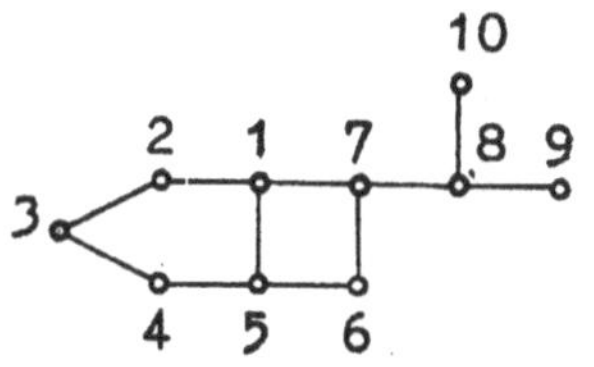

Tabelle 208 D = 10143 = $3^2.7^2.23$

W / K	1	2	3	4	5	6	7	8	9	10	S
1	200089	100266	52203	23662	18781	32683	27063	48506	18190	6063	527506
2		300799	156610	70985	56344	98048	81189	145519	54570	18190	1082520
3			324164	143153	105294	172730	88731	93463	35049	11683	1183080
4				254215	119491	104259	50133	46140	17303	5768	835109
5					253180	140047	61668	44957	16859	5620	822241
6						315883	134871	88731	33274	11091	1131617
7							254215	127773	47915	15972	889530
8								294587	110470	36823	1036969
9									228926	76309	638865
10										192103	379622

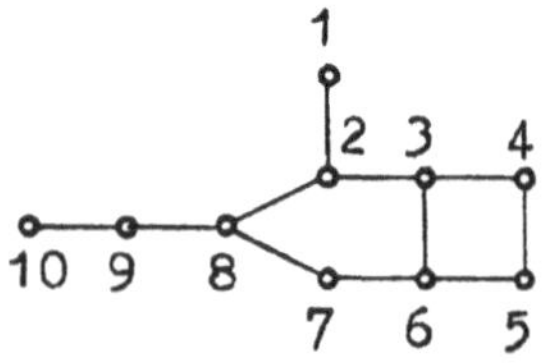

Tabelle 209 D = 10136 = $2^3.7.181$

W / K	1	2	3	4	5	6	7	8	9	10	S
1	253354	136938	71034	23678	52486	86425	69850	123125	46172	15391	878453
2		325572	164562	54854	113260	175217	86819	85241	31965	10655	1185083
3			302042	100681	140884	120610	56383	48540	18202	6067	1029005
4				200227	46961	40203	18794	16180	6067	2022	509667
5					262431	146408	63536	44199	16575	5525	892265
6						318617	134225	84057	31521	10507	1147790
7							252318	122731	46024	15341	866021
8								284136	106551	35517	950277
9									227457	75819	606353
10										191940	368784

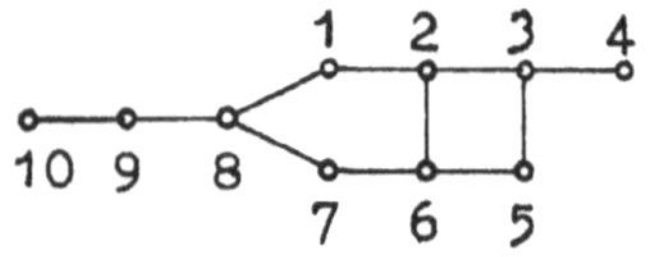

Tabelle 210 D = 10133 = P

W / K	1	2	3	4	5	6	7	8	9	10	S
1	198806	96418	41893	29261	14852	15297	31037	48554	18208	6069	500395
2		289253	125678	87782	44557	45890	93112	145663	54624	18208	1001185
3			253429	134610	61581	50133	88819	81713	30642	10214	878712
4				316047	140186	104510	173345	99477	37304	12435	1134957
5					253281	119659	105694	57239	21465	7155	825669
6						254466	143738	72239	27090	9030	842052
7							325521	159479	59805	19935	1200485
8								306721	115020	38340	1124445
9									230633	76878	671669
10										192293	390557

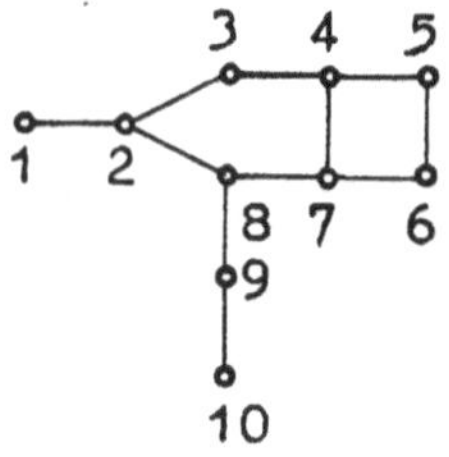

Tabelle 211 $D = 10116 = 2^2.3^2.281$

W / -K	1	2	3	4	5	6	7	8	9	10	S
1	192171	76512	37367	19573	8897	7117	12456	10676	16014	3559	384342
2		229537	112100	58719	26690	21352	37367	32028	48043	10676	653024
3			298932	156584	71174	56940	99644	85409	128114	28470	1074734
4				326068	144425	107206	177195	98310	84964	32770	1205814
5					255042	120700	107058	56050	42408	18683	851127
6						254893	143980	69840	42260	23280	847568
7							324881	153470	84371	51157	1191579
8								292260	125890	97420	1021353
9									251335	41963	865362
10										199140	507118

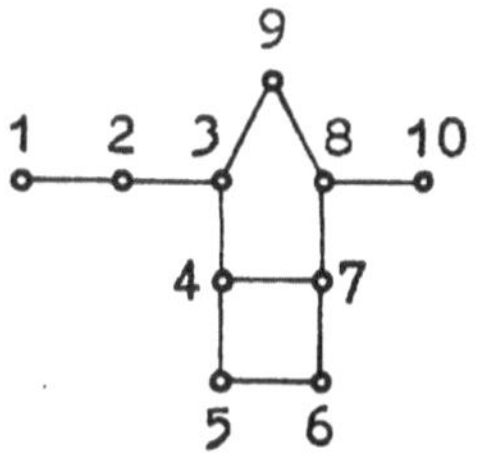

Tabelle 212 $D = 10115 = 5.7.17^2$

W / -K	1	2	3	4	5	6	7	8	9	10	S
1	192338	77014	38705	21058	9046	6080	7168	15423	18043	2027	386902
2		231043	116115	63174	27138	18240	21503	46268	54128	6080	660703
3			309639	168463	72368	48641	57341	123381	144340	16214	1095207
4				327286	137074	83935	86752	176322	114928	27978	1206970
5					252546	120564	68957	86307	52892	40188	867080
6						277756	120119	82600	43747	92585	894267
7							251359	133959	63767	40040	850965
8								319278	147553	27533	1158624
9									263964	14582	917945
10										197528	464755

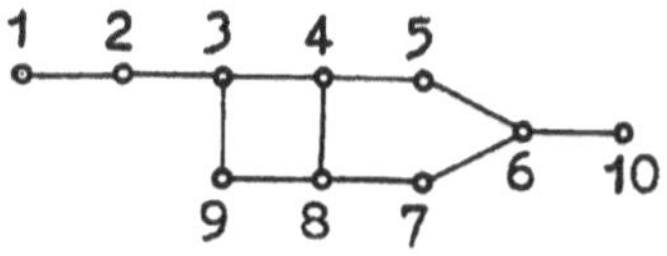

Tabelle 213 $D = 10080 = 2^5.3^2.5.7$

W / -K	1	2	3	4	5	6	7	8	9	10	S
1	198214	94643	42857	42857	33929	16071	7143	7143	5357	1786	450000
2		283929	128571	128571	101786	48214	21429	21429	16071	5357	850000
3			254762	88095	135714	64286	28571	28571	21429	7143	799999
4				254762	135714	64286	28571	28571	21429	7143	799999
5					305357	144643	64286	64286	48214	16071	1050000
6						305357	135714	135714	101786	33929	1050000
7							254762	88095	128571	42857	799999
8								254762	128571	42857	799999
9									283929	94643	850000
10										198214	450000

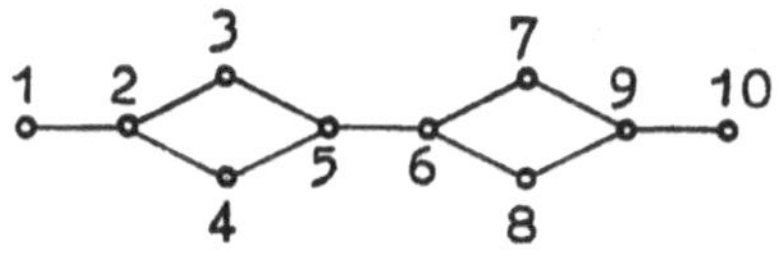

Tabelle 214 D = 10055 = 5.2011

-K \ W	1	2	3	4	5	6	7	8	9	10	S
1	200348	101044	55296	23421	14968	21482	41422	47489	8056	2685	516211
2		303133	165888	70264	44903	64446	124267	142466	24167	8056	1048634
3			327001	134908	77723	98260	180209	115365	36847	12282	1203779
4				247340	107111	73993	87121	52461	27747	9249	833615
5					243610	123720	81154	42019	46395	15465	797068
6						297166	156340	73595	111437	37146	1057585
7							329239	151169	58628	19543	1229092
8								264545	27598	9199	925906
9									229289	76430	646594
10										192143	382198

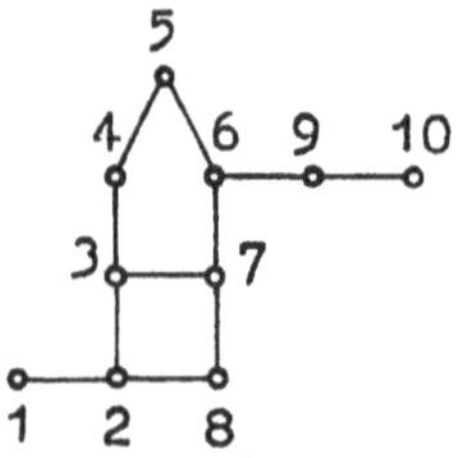

Tabelle 215 D = 10046 = 2.5023

-K \ W	1	2	3	4	5	6	7	8	9	10	S
1	243679	106809	76747	41011	46287	82421	124229	46586	15529	15429	798727
2		246367	132291	62911	56440	87597	74059	27772	9257	18813	822316
3			320127	147720	123034	180370	97949	36731	12244	41011	1168224
4				263438	142594	116813	60123	22546	7515	47531	912202
5					304748	170068	82421	30908	10303	101583	1068386
6						336701	159666	59875	19958	56689	1270158
7							298626	111985	37328	27474	1073860
8								229494	76498	10303	652698
9									192166	3434	384232
10										200528	522795

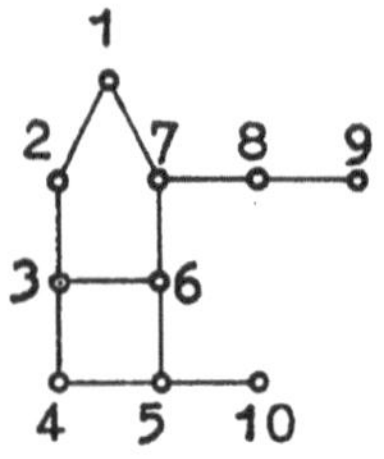

Tabelle 216 D = 10044 = $2^2.3^4.31$

-K \ W	1	2	3	4	5	6	7	8	9	10	S
1	328554	135305	77360	96774	322581	80705	116786	169654	63620	21207	1222223
2		247312	106631	72581	24194	86918	52867	71685	26882	8961	813336
3			242533	120968	40323	80047	41816	45400	17025	5675	777778
4				290323	96774	153226	72581	64516	24194	8065	1000002
5					198925	51075	24194	21505	8065	2688	500001
6						328554	151732	126643	47491	15830	1222221
7							265830	145759	54659	18220	944444
8								310633	116487	38829	1111111
9									231183	77061	666667
10										192354	388890

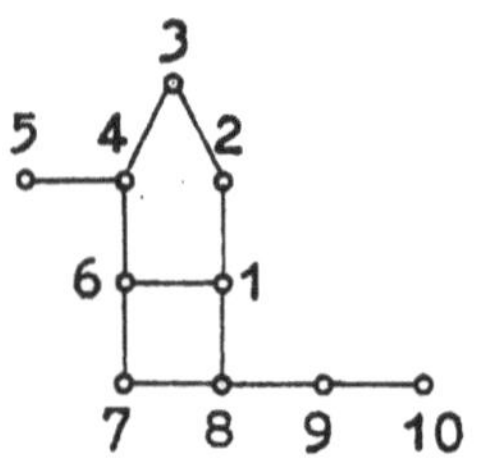

Tabelle 217

D = 10035 = 3^2.5.223

-K \ W	1	2	3	4	5	6	7	8	9	10	S
1	199103	97309	40508	24215	32138	19880	27504	10314	3438	52317	506726
2		291928	121525	72646	96413	59641	82511	30942	10314	156952	1020181
3			242601	106278	76233	40957	46637	17489	5830	81465	779523
4				246188	132287	63229	57340	21525	7175	87444	818387
5					320628	148729	125561	47085	15695	180867	1175636
6						264873	145889	54709	18236	118087	934230
7							312108	117040	39013	173393	1127056
8								231390	77130	65022	672646
9									192377	21674	390882
10										337070	1274291

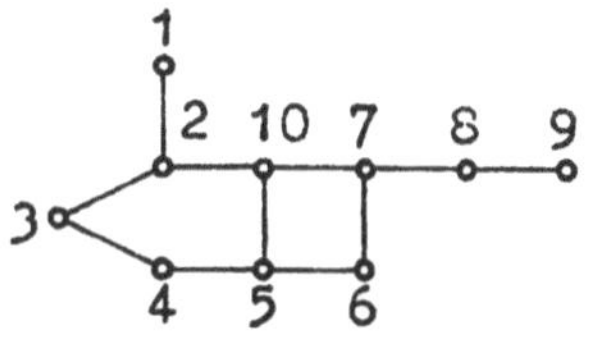

Tabelle 218

D = 10026 = 2.3^2.557

-K \ W	1	2	3	4	5	6	7	8	9	10	S
1	199282	97846	43088	31418	51167	24237	10772	10772	8079	2693	479354
2		293537	129264	94255	153501	72711	32316	32316	24237	8079	938062
3			248055	114901	96649	45781	20347	20347	15260	5087	738779
4				250449	136445	64632	28725	28725	21544	7181	778275
5					312687	148115	65829	65829	49372	16457	1096051
6						307002	136445	136445	102334	34111	1071813
7							255087	88421	128815	42938	809695
8								255086	128815	42938	809695
9									284111	94704	857271
10										198235	452423

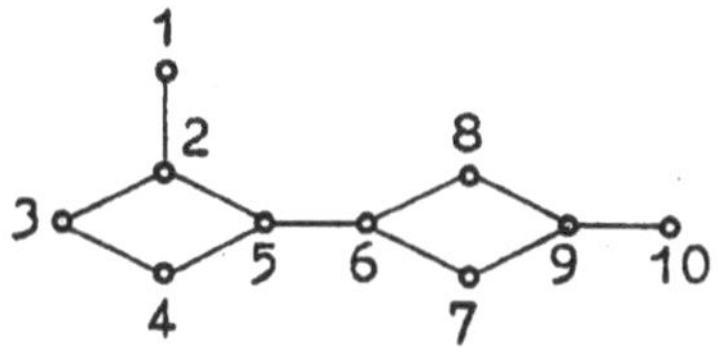

Tabelle 219

D = 9971 = 13^2.59

-K \ W	1	2	3	4	5	6	7	8	9	10	S
1	199328	97984	43175	31541	51449	24822	10831	7672	12185	4062	483049
2		293952	129526	94624	154348	74466	32494	23017	36556	12185	949152
3			248220	115134	97182	46886	20459	14492	23017	7672	745763
4				250777	137198	66192	28884	20459	32494	10831	778134
5					314412	151690	66192	46886	74466	24822	1118645
6						314412	137198	97182	154348	51449	1118645
7							250777	115134	94624	31541	778134
8								248220	129526	43175	745763
9									293952	97984	949152
10										199328	483049

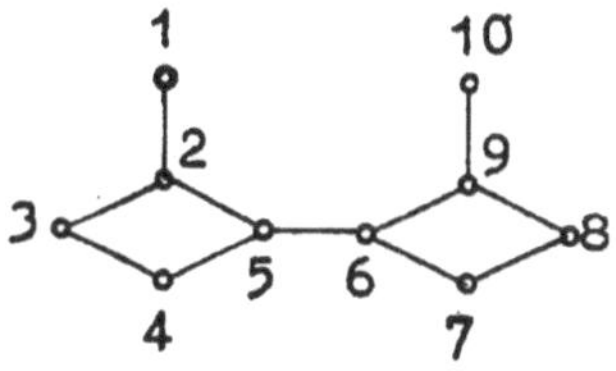

Tabelle 220 D = 9954 = $2.3^2.7.79$

K \ W	1	2	3	4	5	6	7	8	9	10	S
1	238999	108499	108499	86498	42495	19289	15371	5124	21700	7233	653707
2		246082	79415	129747	63743	28933	23056	7685	32550	10850	730560
3			246082	129747	63743	28933	23056	7685	32550	10850	730560
4				302743	148734	67511	53797	17932	75949	25316	1037974
5					318716	144665	115280	38427	162749	54250	1152802
6						260699	137432	45811	105787	35262	874322
7							297016	99005	154611	51537	970161
8								199668	51537	17179	490053
9									306510	102170	1046113
10										200723	515370

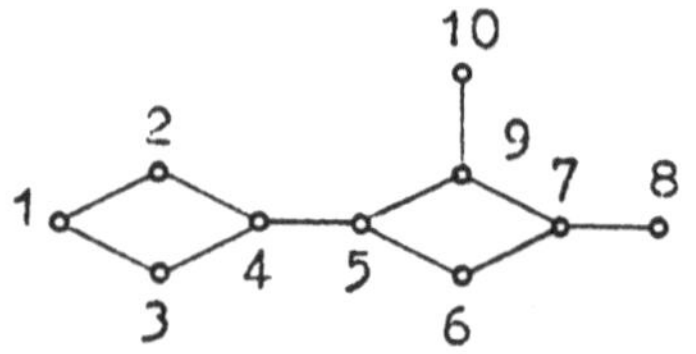

Tabelle 221 D = 9936 = $2^4.3^3.23$

K \ W	1	2	3	4	5	6	7	8	9	10	S
1	239130	108696	108696	86957	43478	21739	7246	14493	7246	21739	659420
2		246377	79710	130435	65217	32609	10870	21739	10870	32609	739132
3			246377	130435	65217	32609	10870	21739	10870	32609	739132
4				304348	152174	76087	25362	50725	25362	76087	1057972
5					326086	163043	54348	108696	54348	163043	1195650
6						300272	100091	137681	37591	112772	1014494
7							200030	45894	12530	37591	504832
8								258454	45894	137681	842996
9									200030	100091	504832
10										300272	1014494

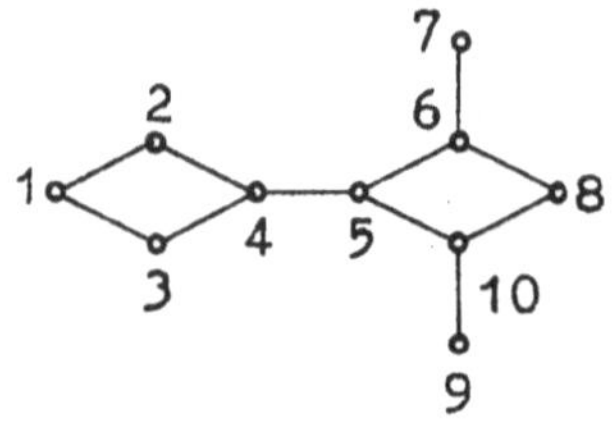

Tabelle 222 D = 9887 = P

K \ W	1	2	3	4	5	6	7	8	9	10	S
1	192576	77728	40609	22403	9356	5664	7636	17245	21695	7232	402144
2		233185	121827	67209	28067	16992	22909	51735	65085	21695	706432
3			324871	179225	74846	45312	61090	137959	173561	57854	1217154
4				333620	135936	74188	86629	185698	136846	45615	1267368
5					246384	103216	63265	86578	60534	20178	828360
6						235461	103166	74037	44756	14919	717711
7							246232	135532	73733	24578	824770
8								332558	176444	58815	1256601
9									318752	106251	1177657
10										202084	559221

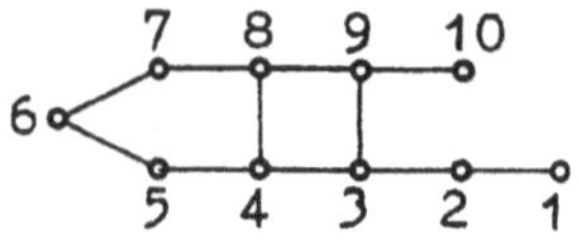

Tabelle 223 D = 9720 = $2^3.3^5.5$

-K \ W	1	2	3	4	5	6	7	8	9	10	S
1	200463	101389	53704	24537	19907	35185	31944	10648	50000	16667	544444
2		304167	161111	73611	59722	105556	95833	31944	150000	50000	1133333
3			329630	146296	109259	181481	105556	35185	100000	33333	1255555
4				256019	121759	109259	59722	19907	50000	16667	877777
5					256019	146296	73611	24537	50000	16667	877777
6						329630	161111	53704	100000	33333	1255555
7							304167	101389	150000	50000	1133333
8								200463	50000	16667	544444
9									300000	100000	1100000
10										200000	533334

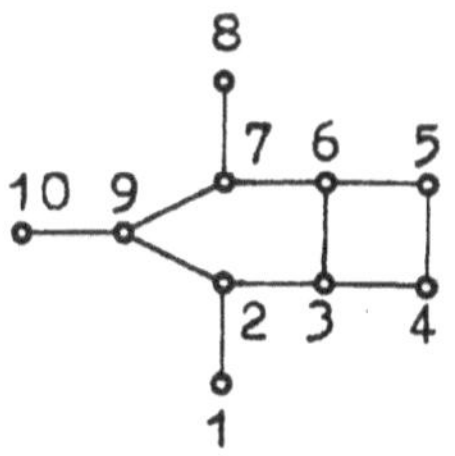

Tabelle 224 D = 9719 = P

-K \ W	1	2	3	4	5	6	7	8	9	10	S
1	255891	140807	73619	24540	55510	92911	82416	27472	126865	42288	922319
2		330898	168073	56024	117296	183815	103251	34417	91522	30507	1256610
3			304352	101451	143533	126248	67137	22379	52783	17594	1077169
4				200484	47844	42083	22379	7460	17594	5865	525724
5					265459	152845	75779	25260	49233	16411	949170
6						332287	160202	53401	94917	31639	1270348
7							301574	100525	143996	47999	1105258
8								200175	47999	16000	535088
9									289073	96358	1010340
10										198786	503447

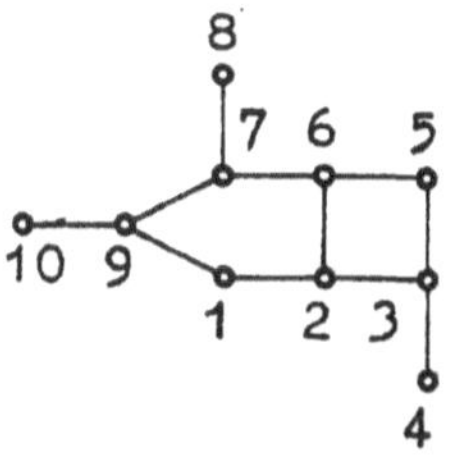

Tabelle 225 D = 9711 = $3^2.13.83$

-K \ W	1	2	3	4	5	6	7	8	9	10	S
1	198795	96386	42169	30120	16064	18072	6024	32129	48193	16064	504016
2		289157	126506	90361	48193	54217	18072	96386	144578	48193	1012049
3			254866	138091	65956	59778	19926	93451	82484	27495	910722
4				323911	149676	125116	41705	183967	102873	34291	1220111
5					264442	143652	47884	118628	62558	20853	937906
6						305839	101946	171918	84801	28267	1093606
7							200649	57306	28267	9422	531201
8								339821	163577	54526	1311709
9									303058	101019	1121408
10										200340	540470

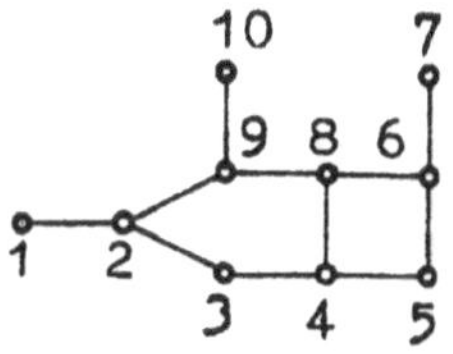

Tabelle 226 D = 9684 = $2^2.3^2.269$

W / -K	1	2	3	4	5	6	7	8	9	10	S
1	199349	98048	52509	24938	22305	7435	34542	28810	9603	42286	519825
2		294145	157528	74814	66914	22305	103625	86431	28810	126859	1059479
3			333178	153810	128253	42751	188197	103160	34387	86896	1280669
4				266264	144981	48327	120353	62268	20756	45694	962205
5					306691	102230	172862	83643	27881	50186	1105946
6						200743	57621	27881	9294	16729	535316
7							340613	160781	53594	88135	1320323
8								295539	98513	127323	1074349
9									199504	42441	524783
10										251394	877943

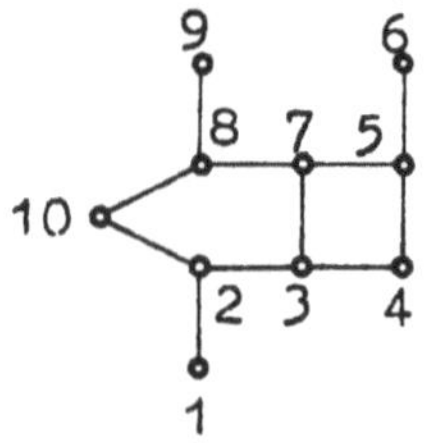

Tabelle 227 D = 9632 = $2^5.7.43$

W / -K	1	2	3	4	5	6	7	8	9	10	S
1	197674	93023	40698	29070	17442	5814	5814	17442	29070	40698	476745
2		279070	122093	87209	52326	17442	17442	52326	87209	122093	930233
3			254309	140833	76464	25488	21024	63071	91725	71273	906978
4				335289	177066	59022	45629	136887	187967	91725	1290697
5					317847	105949	56842	170525	136887	63071	1174419
6						201983	18947	56842	45629	21024	558140
7							201983	105949	59022	25488	558140
8								317847	177066	76464	1174419
9									335289	140833	1290697
10										254309	906978

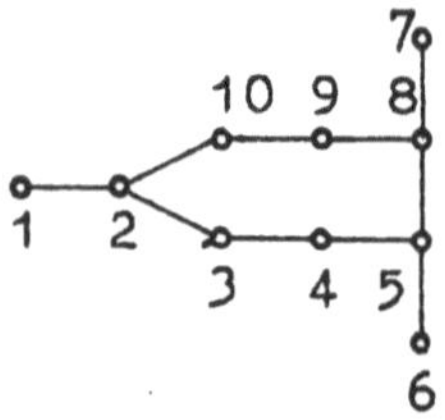

Tabelle 228 D = 9551 = P

W / -K	1	2	3	4	5	6	7	8	9	10	S
1	202282	106847	60779	29055	9685	16700	21045	46435	57481	19160	569469
2		320542	182337	87164	29055	50099	63135	139305	172443	57481	1208408
3			345514	161292	53764	84598	92503	192912	140718	46906	1361323
4				294158	98053	123128	75228	102555	71144	23715	1065492
5					199351	41043	25076	34185	23715	7905	521832
6						243744	108104	80567	49000	16333	813316
7							249084	139148	75856	25285	874464
8								336876	178568	59523	1310074
9									319129	106376	1194430
10										202125	564809

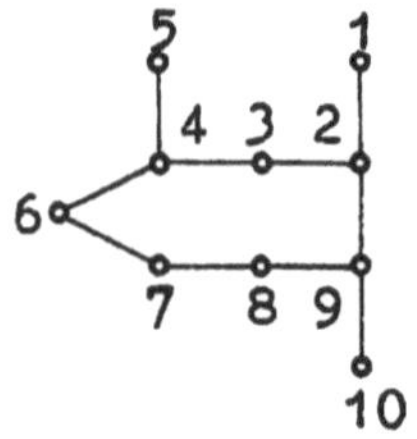

Tabelle 229 D = 8664 = $2^3.3.19^2$

-K \ W	1	2	3	4	5	6	7	8	9	10	S
1	333333	166667	83333	83333	166667	83333	83333	166667	83333	83333	1333332
2		307018	127193	74561	96491	48246	48246	96491	74561	127193	1166667
3			244518	106360	74561	33991	27412	48246	33991	53728	833333
4				244518	127193	53728	33991	48246	27412	33991	833333
5					307018	127193	74561	96491	48246	48246	1166667
6						244518	106360	74561	33991	27412	833333
7							244518	127193	53728	33991	833333
8								307018	127193	74561	1166667
9									244518	106360	833333
10										244518	833333

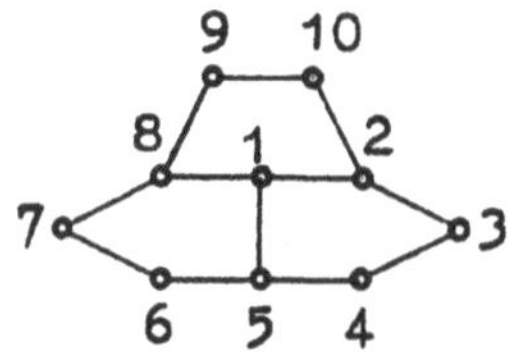

Tabelle 230 D = 8360 = $2^3.5.11.19$

-K \ W	1	2	3	4	5	6	7	8	9	10	S
1	319378	150120	130981	61005	52033	95096	51435	59211	126196	181818	1227273
2		267285	151734	65191	43840	66328	32416	30921	60347	122727	990909
3			324222	134569	79486	103888	45813	33553	54844	186364	1245454
4				247608	108254	77153	32297	19737	26914	90909	863637
5					245275	127572	51077	25658	25897	86364	845456
6						305562	120933	57237	50778	168182	1172729
7							238995	96053	49163	72727	790909
8								230921	96711	50000	700002
9									240969	77273	809092
10										345455	1381819

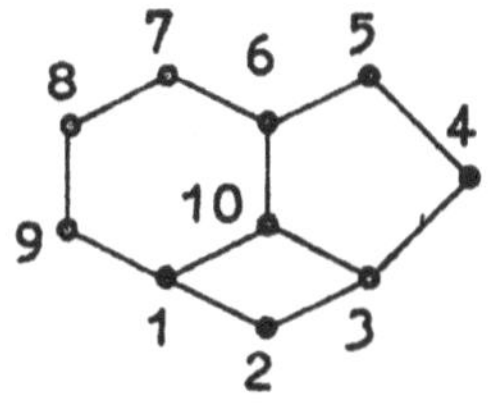

Tabelle 231 D = 8339 = 31.269

-K \ W	1	2	3	4	5	6	7	8	9	10	S
1	233661	100791	68713	38434	17988	15529	28601	31838	66914	100192	702661
2		243375	129332	68413	31239	25303	44670	40293	76208	59000	818624
3			319283	166807	75729	60379	105408	89039	161710	76808	1253208
4				329776	145761	107507	176760	92997	102230	46888	1275573
5					255426	120518	106128	52105	50186	22725	877805
6						254047	141624	63317	48327	21286	857837
7							318743	137846	94796	41132	1192708
8								257225	133829	55222	953711
9									306691	124535	1165426
10										241576	789364

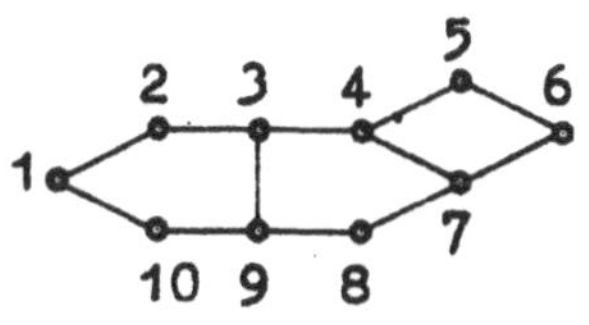

Tabelle 232 D = 8325 = $3^2.5^2.37$

K \ W	1	2	3	4	5	6	7	8	9	10	S
1	251351	127027	56757	43243	72973	48649	72973	43243	56757	127027	900000
2		307207	135135	98198	159459	72973	59459	31532	35135	73874	1099999
3			250450	116216	98198	43243	31532	16216	17117	35135	799999
4				250450	135135	56757	35135	17117	16216	31532	799999
5					307207	127027	73874	35135	31532	59459	1099999
6						251351	127027	56757	43243	72973	900000
7							307207	135135	98198	159459	1099999
8								250450	116216	98198	799999
9									250450	135135	799999
10										307207	1099999

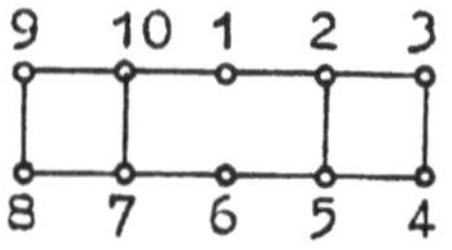

Tabelle 233 D = 8225 = $5^2.7.47$

K \ W	1	2	3	4	5	6	7	8	9	10	S
1	241641	123708	55623	43161	73860	54711	28267	30091	62006	101216	814284
2		309119	136778	101216	166869	90274	41641	34650	62310	62006	1128571
3			251672	118237	103040	54103	24620	19757	34650	30091	828571
4				253495	142249	72036	32219	24620	41641	28267	857141
5					323708	162006	72036	54103	90274	54711	1242856
6						323708	142249	103040	166869	73860	1242856
7							253495	118237	101216	43161	857141
8								251672	136778	55623	828571
9									309119	123708	1128571
10										241641	814284

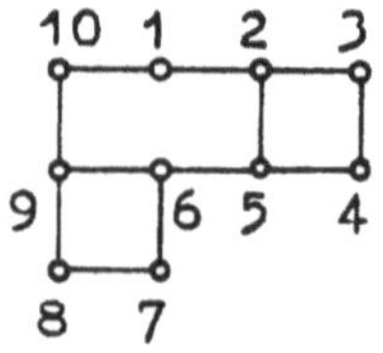

Tabelle 234 D = 8064 = $2^7.3^2.7$

K \ W	1	2	3	4	5	6	7	8	9	10	S
1	236111	104167	76389	48611	20833	13889	20833	48611	76389	104167	750000
2		247768	139137	79613	33482	20833	29018	66220	90030	64732	875000
3			341022	190228	79613	48611	66220	150050	193700	90030	1375000
4				341022	139137	76389	90030	193700	150050	66220	1375000
5					247768	104167	64732	90030	66220	29018	875000
6						236111	104167	76389	48611	20833	750000
7							247768	139137	79613	33482	875000
8								341022	190228	79613	1375000
9									341022	139137	1375000
10										247768	875000

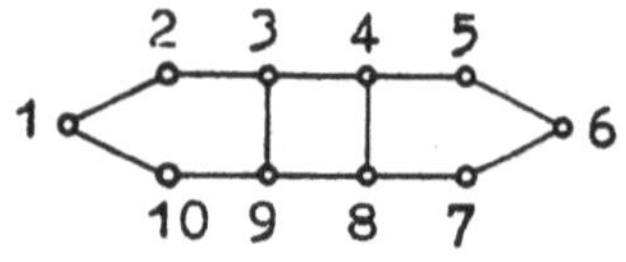

Tabelle 235 $D = 7904 = 2^5.13.19$

W / -K	1	2	3	4	5	6	7	8	9	10	S
1	365385	211538	134615	192308	76923	38462	38462	76923	192308	134615	1461539
2		346154	163462	144231	57692	28846	28846	57692	144231	163462	1346154
3			273279	156377	61235	27328	20749	34919	84008	82490	1038462
4				324899	126012	53138	33401	47065	107794	84008	1269233
5					239879	93623	40992	29352	47065	34919	807692
6						227733	89575	40992	33401	20749	653847
7							227733	93623	53138	27328	653847
8								239879	126012	61235	807892
9									324899	156377	1269233
10										273279	1038462

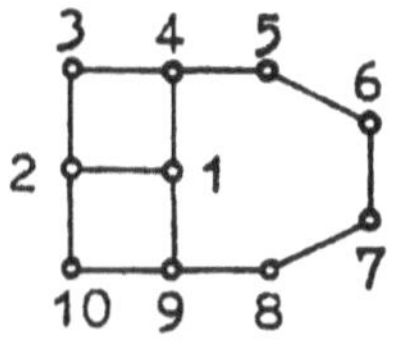

Tabelle 236 $D = 7787 = 13.599$

W / -K	1	2	3	4	5	6	7	8	9	10	S
1	199563	98690	43919	33068	36407	23565	15410	22666	52588	18878	544754
2		296070	131758	99204	109220	70695	46231	67998	157763	56633	1134262
3			258700	144343	102607	70823	38140	43598	92654	71722	998264
4				333826	198600	141775	68191	62797	120200	158533	1360537
5					361372	196867	97406	95351	188648	131822	1518300
6						331129	138885	85527	117696	157635	1334597
7							250225	111789	85142	69025	920444
8								249839	137730	49441	926736
9									328047	79299	1359767
10										272056	1065044

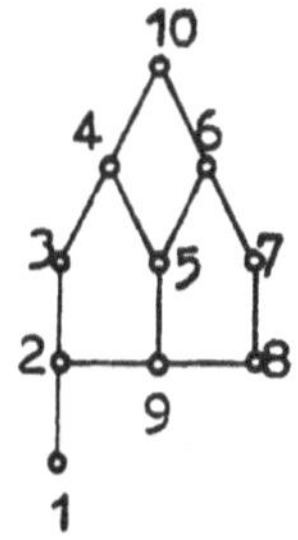

Tabelle 237 $D = 7776 = 2^5.3^5$

W / -K	1	2	3	4	5	6	7	8	9	10	S
1	199846	99537	43981	32407	15432	13889	26235	27006	54784	37809	550926
2		298611	131944	97222	46296	41667	78704	81019	164352	113426	1152778
3			256944	138889	60185	41667	64815	53241	94907	99537	986110
4				319444	134259	83333	115741	78704	120370	185185	1305554
5					248457	111111	84877	49383	63272	94136	907408
6						250000	138889	69444	69444	97222	916666
7							331790	158951	145062	197531	1342595
8								273920	162809	133488	1087965
9									343364	202932	1421296
10										361883	1523149

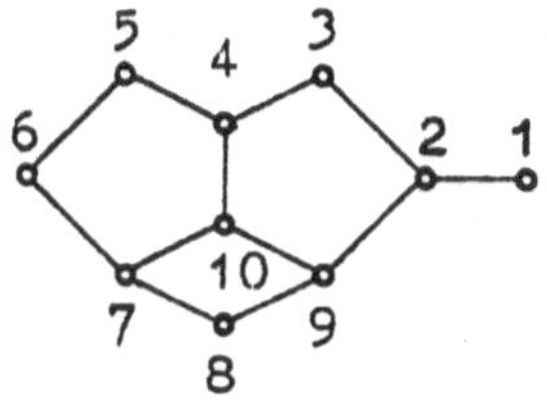

Tabelle 238 D = 7644 = $2^2.3.7^2.13$

K \ W	1	2	3	4	5	6	7	8	9	10	S
1	203297	109890	63187	27473	19231	30220	52198	19231	27473	63187	615387
2		329670	189560	82418	57692	90659	156593	57692	82418	189560	1346152
3			347985	145604	88828	120879	208791	65018	74176	157509	1461537
4				252747	112637	85165	101648	41209	38462	74176	961539
5					249084	134615	96154	58608	41209	65018	923076
6						318681	186813	134615	85165	120879	1307691
7							368132	96154	101648	208791	1576922
8								249084	112637	88828	923076
9									252747	145604	961539
10										347985	1461537

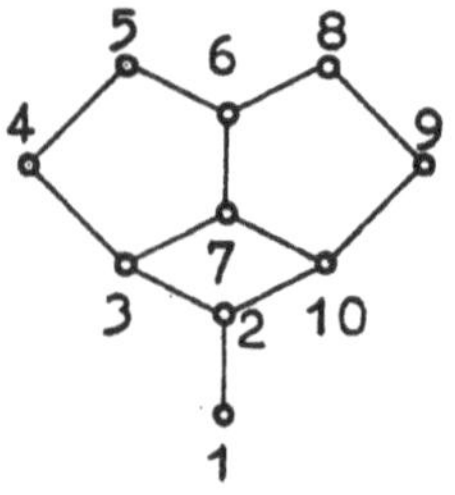

Tabelle 239 D = 7560 = $2^3.3^3.5.7$

K \ W	1	2	3	4	5	6	7	8	9	10	S
1	200794	102381	48810	44048	25794	12302	11111	21032	26190	57540	550002
2		307143	146429	132143	77381	36905	33333	63095	78571	172619	1150000
3			268452	158929	86310	39881	33333	60119	60714	122024	1025001
4				344643	181548	82738	66667	117262	103571	193452	1425001
5					338294	149802	111111	183532	101190	120040	1375002
6						257341	122222	109325	55952	58532	925000
7							255556	144444	66667	55556	900000
8								324008	144048	108135	1275000
9									264286	148810	1049999
10										338294	1375002

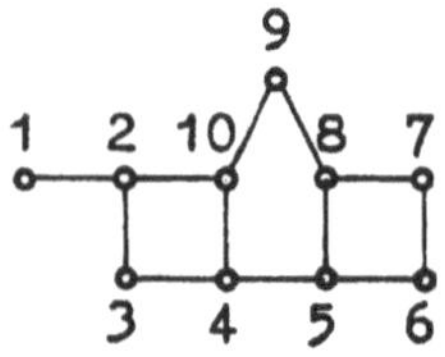

Tabelle 240 D = 7550 = $2.5^2.151$

K \ W	1	2	3	4	5	6	7	8	9	10	S
1	201060	103179	48874	43444	21854	22119	12318	14834	32185	59603	559470
2		309536	146623	130331	65563	66358	36954	44503	96556	178808	1178411
3			266821	153841	70530	57748	30662	34238	72053	124172	1005562
4				331192	146026	106887	55033	58212	119603	193709	1338278
5					263245	143709	66556	55960	101325	104305	1039075
6						324238	144636	109669	184371	119205	1278940
7							255695	122450	111656	67881	903841
8								257682	150596	84437	932581
9									340132	185430	1393907
10										352649	1470199

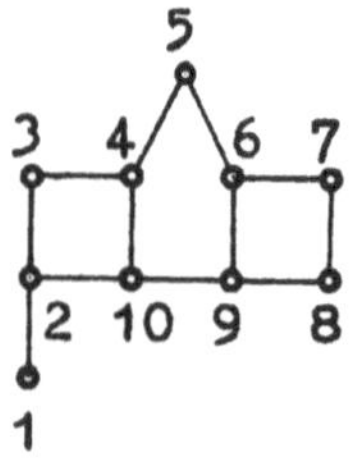

Tabelle 241 $D = 7524 = 2^2.3^2.11.19$

K \ W	1	2	3	4	5	6	7	8	9	10	S
1	201754	105263	57018	26316	21930	39474	39474	21930	26316	57018	596493
2		315789	171053	78947	65789	118421	118421	65789	78947	171053	1289472
3			337919	150718	114234	191986	123804	61204	59809	118222	1385967
4				258373	124402	114833	69378	33493	31100	59809	947369
5					258971	152512	84330	39274	33493	61204	956139
6						342703	183612	84330	69378	123804	1421053
7							342703	152512	114833	191986	1421053
8								258971	124402	114234	956139
9									258373	150718	947369
10										337919	1385967

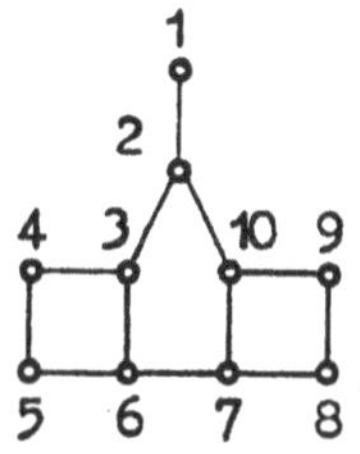

FSC
www.fsc.org
MIX
Papier | Fördert
gute Waldnutzung
FSC® C083411

Kolibri 360 GmbH
Ferdinand-Jühlke-Straße 7
99095 Erfurt, Deutschland
produktsicherheit@kolibri360.de